## 雜記下第二十一

有父之喪，如未沒喪而母死，其除父之喪也，服其除服。卒事，反喪服。雖諸父、昆弟之喪，如當父母之喪，其除諸父、昆弟之喪也，皆服其除喪之服。卒事，反喪服。如三年之喪，則既顈，其練、祥皆行。王父死，未練、祥而孫又死，猶是附于王父也。

有殯，聞外喪，哭之他室。入奠，卒奠出，改服即位，如始即位之禮。

大夫、士將與祭于公，既視濯而父母死，則猶是與祭也，次于異宮。既祭，釋服出公門外，哭而歸。其它如奔喪之禮。如未視濯，則使人告。告者反而後哭。如諸父、昆弟、姑、姊妹之喪，則既宿則與祭。卒事，出公門，釋服而後歸。其它如奔喪之禮。如同宮，則次于異宮。

曾子問曰：『卿大夫將爲尸于公，受宿矣，而有齊衰内喪，則如之何？』孔子曰：『出舍乎公宮以待事，禮也。』孔子曰：『尸弁冕而出，卿、大夫、士皆下之。尸必式，必有前驅。』



父母之喪，將祭，而昆弟死，既殯而祭。如同宮，則雖臣妾，葬而后祭。祭，主人之升、降、散等，執事者亦散等。雖虞、附亦然。

自諸侯達諸士，小祥之祭，主人之酢也嚌之，衆賓、兄弟則皆啐之。大祥，主人啐之，衆賓、兄弟皆飲之可也。

凡侍祭喪者，告賓祭薦而不食。

子貢問喪。子曰：『敬爲上，哀次之，瘠爲下。顏色稱其情，戚容稱其服。』『請問兄弟之喪。』子曰：『兄弟之喪，則存乎書策矣。』君子不奪人之喪，亦不可奪喪也。

孔子曰：『少連、大連善居喪，三日不怠，三月不解，期悲哀，三年憂，東夷之子也。』

三年之喪，言而不語，對而不問。廬、堊室之中，不與人坐焉。在堊室之中，非時見乎母也，不入門。疏衰皆居堊室，不廬。廬，嚴者也。

妻視叔父母，姑、姊妹視兄弟，長、中、下殤視成人。

親喪外除，兄弟之喪内除。

視君之母與妻，比之兄弟，發諸顔色者，亦不飲食也。

免喪之外，行于道路，見似目瞿，聞名心瞿，吊死而問疾，顔色戚容必有以異于人也。如此而後可以服三年之喪，其餘則直道而行之是也。

祥，主人之除也，于夕爲期，朝服。祥因其故服。

子游曰：『既祥，雖不當縞者，必縞，然後反服。』

當袒，大夫至，雖當踊，絶踊而拜之。反，改成踊，乃襲。于士，既事成踊，襲而後拜之，不改成踊。

上大夫之虞也，少牢；卒哭成事，附，皆大牢。下大夫之虞也，犆牲；卒哭成事，附，皆少牢。

祝稱卜葬虞，子孫曰哀，夫曰乃，兄弟曰某，卜葬其兄弟曰伯子某。

古者貴賤皆杖。叔孫武叔朝，見輪人以其杖關轂而輠輪者，于是有爵而後杖也。



鑿巾以飯，公羊賈爲之也。

冒者何也？所以揜形也。自襲以至小斂，不設冒則形，是以襲而後設冒也。

或問于曾子曰：『夫既遣而包其餘，猶既食而裹其餘與？君子既食則裹其餘乎？』曾子曰：『吾子不見大饗乎？夫大饗既饗，卷三牲之俎歸于賓館。父母而賓客之，所以爲哀也！子不見大饗乎？』

非爲人喪，問與？賜與？

三年之喪，以其喪拜；非三年之喪，以吉拜。

三年之喪，如或遺之酒肉，則受之，必三辭。主人衰絰而受之。如君命，則不敢辭，受而薦之。喪者不遺人。人遺之，雖酒肉受也。從父、昆弟以下，既卒哭，遺人可也。縣子曰：『三年之喪如斬，期之喪如剡。』期之喪，十一月而練，十三月而祥，十五月而禫。三年之喪，雖功衰不吊，自諸侯達諸士。如有服而將往哭之，則服其服而往。練則吊。既葬，大功吊，哭而退，不聽事焉。期之喪未葬，吊于鄉人，哭而退，不聽事焉。功衰吊，待事不執事。小功緦執事不與于禮。

相趨也，出宫而退；相揖也，哀次而退；相問也，既封而退；相見也，反哭而退；朋友，虞、附而退。吊，非從主人也。四十者執綍。鄉人，五十者從反哭，四十者待盈坎。

喪食雖惡，必充飢，飢而廢事，非禮也；飽而忘哀，亦非禮也。視不明，聽不聰，行不正，不知哀，君子病之。故有疾飲酒食肉，五十不致毁，六十不毁，七十飲酒食肉，皆爲疑死。有服，人召之食，不往。大功以下，既葬，適人，人食之，其黨也食之，非其黨弗食也。功衰，食菜果，飲水漿，無鹽、酪，不能食食，鹽、酪可也。孔子曰：『身有瘍則浴，首有創則沐，病則飲酒食肉。毁瘠爲病，君子弗爲也。毁而死，君子謂之無子。』

非從柩與反哭，無免于堩。

凡喪，小功以上，非虞、附、練、祥無沐浴。

疏衰之喪，既葬，人請見之則見，不請見人。小功，請見人可也。大功不以執摯，唯父母之喪，不辟涕泣而見人。

三年之喪，祥而從政；期之喪，卒哭而從政；九月之喪，既葬而從政；小功緦之喪，既殯而從政。曾申問于曾子曰：『哭父母有常聲乎？』曰：『中路嬰兒失其母焉，何常聲之有？』

卒哭而諱。王父母、兄弟、世父、叔父、姑、姊妹，子與父同諱；母之諱，宫中諱；妻之諱，不舉諸其側；與從祖昆弟同名，則諱。

以喪冠者，雖三年之喪可也。既冠于次，入哭踴，三者三，乃出。

大功之末，可以冠子，可以嫁子。父小功之末，可以冠子，可以嫁子，可以取婦。己雖小功，既卒哭，可以冠，取妻；下殤之小功則不可。

# 禮記卷第四十三

## 雜記下第二十一

凡弁絰，其衰侈袂。

父有服，宮中子不與于樂。母有服，聲聞焉，不舉樂。妻有服，不舉樂于其側。

大功將至，辟琴瑟。小功至，不絶樂。

姑、姊妹，其夫死，而夫黨無兄弟，使夫之族人主喪。妻之黨雖親，弗主。夫若無族矣，則前後家、東西家，無有，則里尹主之。或曰主之，而附于夫之黨。

麻者不紳，執玉不麻。麻不加于采。

國禁哭則止，朝夕之奠即位，自因也。童子哭不偯，不踊，不杖，不菲，不廬。

孔子曰：『伯母、叔母疏衰，踊不絶地。姑、姊妹之大功，踊絶于地。如知此者，由文矣哉！由文矣哉！』

世柳之母死，相者由左。世柳死，其徒由右相。由右相，世柳之徒爲之也。

天子飯九貝，諸侯七，大夫五，士三。士三月而葬，是月也卒哭；大夫三月而葬，五月而卒哭；諸侯五月而葬，七月而卒哭。士三虞，大夫五，諸侯七。諸侯使人吊，其次含、襚、賵、臨，皆同日而畢事者也。其次如此也。卿大夫疾，君問之無筭；士壹問之。君于卿大夫，比葬不食肉，比卒哭不舉樂。爲士，比殯不舉樂。

升正柩，諸侯執綍五百人，四綍皆銜枚。司馬執鐸，左八人，右八人。匠人執羽葆御柩。大夫之喪，其升正柩也，執引者三百人，執鐸者左右各四人，御柩以茅。

孔子曰：『管仲鏤簋而朱紘，旅樹而反坫，山節而藻棁，賢大夫也，而難爲上也。晏平仲祀其先人，豚肩不揜豆，賢大夫也，而難爲下也。君子上不僭上，下不偪下。』

婦人非三年之喪，不逾封而吊。如三年之喪，則君夫人歸。夫人其歸也，以諸侯之吊禮；其待之也，若待諸侯然。夫人至，入自闈門，升自側階，君在阼。其他如奔喪禮然。

嫂不撫叔，叔不撫嫂。

君子有三患：未之聞，患弗得聞也；既聞之，患弗得學也；既學之，患弗能行也。君子有五耻：居其位，無其言，君子耻之；有其言，無其行，君子耻之；既得之而又失之，君子耻之；地有餘而民不足，君子耻之；衆寡均而倍焉，君子耻之。

孔子曰：『凶年則乘駑馬。祀以下牲。』

恤由之喪，哀公使孺悲之孔子，學士喪禮。《士喪禮》于是乎書。

子貢觀于蜡。孔子曰：『賜也，樂乎？』對曰：『一國之人皆若狂，賜未知其樂也。』子曰：『百日之蜡，一日之澤，非爾所知也。張而不弛，文武弗能也；弛而不張，文武弗爲也。一張一弛，文武之道也。』

孟獻子曰：『正月日至，可以有事于上帝；七月日至，可有事于祖。』七月而禘，獻子爲之也。

夫人之不命于天子，自魯昭公始也。外宗爲君、夫人，猶内宗也。

厩焚，孔子拜鄉人爲火來者。拜之，士壹，大夫再，亦相弔之道也。

孔子曰：『管仲遇盜，取二人焉，上以爲公臣，曰：「其所與游，辟也，可人也。」管仲死，桓公使爲之服。宦于大夫者之爲之服也，自管仲始也，有君命焉爾也。』





過而舉君之諱，則起。與君之諱同，則稱字。

内亂不與焉，外患弗辟也。

《贊大行》曰：『圭，公九寸，侯、伯七寸，子、男五寸，博三寸，厚半寸。剡上左右各寸半，玉也。藻，三采六等。』哀公問子羔曰：『子之食奚當？』對曰：『文公之下執事也。』

成廟則釁之。其禮：祝、宗人、宰夫、雍人皆爵弁、純衣。雍人拭羊，宗人視之，宰夫北面于碑南，東上。雍人舉羊升屋自中，中屋南面，刲羊，血流于前，乃降。門、夾室皆用鷄，先門而後夾室。其衈皆于屋下。割鷄，門當門，夾室，中室。有司皆鄉室而立，門則有司當門北面。既事，宗人告事畢，乃皆退。反命于君曰：『釁某廟事畢。』反命于寢，君南鄉于門内，朝服。既反命，乃退。路寢成，則考之而不釁。釁屋者，交神明之道也。凡宗廟之器，其名者成，則釁之以豭豚。

諸侯出夫人，夫人比至于其國，以夫人之禮行。至，以夫人入。使者將命，曰：『寡君不敏，不能從而事社稷宗廟，使使臣某敢告于執事。』主人對曰：『寡君固前辭不教矣。寡君敢不敬須以俟命。』有司官陳器皿，主人有司亦官受之。妻出，夫使人致之曰：『某不敏，不能從而共粢盛，使某也敢告于侍者。』主人對曰：『某之子不肖，不敢辟誅，敢不敬須以俟命。』使者退，主人拜送之。如舅在則稱舅，舅沒則稱兄，無兄則稱夫。主人之辭曰：『某之子不肖。』如姑、姊妹亦皆稱之。

孔子曰：『吾食于少施氏而飽，少施氏食我以禮。吾祭，作而辭曰：「疏食不足祭也。」吾飧，作而辭曰：「疏食也，不敢以傷吾子。」』

納幣一束，束五兩，兩五尋。婦見舅姑，兄弟、姑、姊妹皆立于堂下，西面，北上，是見已。見諸父，各就其寢。女雖未許嫁，年二十而笄，禮之；婦人執其禮。燕則鬈首。

韠長三尺，下廣二尺，上廣一尺，會去上五寸。紕以爵韋六寸，不至下五寸。純以素，紃以五采。



# 禮記卷第四十四

## 喪大記第二十二

疾病，外內皆埽。

君、大夫徹縣，士去琴瑟。寢東首于北牖下，廢床，徹褻衣，加新衣，體一人。男女改服。

屬纊以俟絕氣。男子不死于婦人之手，婦人不死于男子之手。

君、夫人卒于路寢，大夫、世婦卒于適寢。內子未命，則死于下室，遷尸于寢。士、士之妻皆死于寢。

復，有林麓則虞人設階，無林麓則狄人設階。

小臣復，復者朝服。君以卷，夫人以屈狄；大夫以玄赬，世婦以襢衣；士以爵弁，士妻以稅衣。皆升自東榮，中屋履危，北面三號。捲衣投于前，司服受之，降自西北榮。

其爲賓，則公館復，私館不復；其在野，則升其乘車之左轂而復。

復衣不以衣尸，不以斂。婦人復，不以袡。凡復，男子稱名，婦人稱字。唯哭先復，復而後行死事。

始卒，主人啼，兄弟哭，婦人哭踴。

既正尸，子坐于東方，卿、大夫、父、兄、子姓立于東方，有司、庶士哭于堂下，北面；夫人坐于西方，内命婦、姑、姊妹、子姓立于西方，外命婦率外宗哭于堂上，北面。

大夫之喪，主人坐于東方，主婦坐于西方，其有命夫命婦則坐，無則皆立；士之喪，主人、父、兄、子姓皆坐于東方，主婦、姑、姊妹、子姓皆坐于西方。凡哭尸于室者，主人二手承衾而哭。

君之喪未小斂，爲寄公、國賓出；大夫之喪未小斂，爲君命出。士之喪，于大夫不當斂而出。

凡主人之出也，徒跣，扱衽，拊心，降自西階。君拜寄公、國賓于位。大夫于君命，迎于寢門外。使者升堂致命，主人拜于下。士于大夫親吊，則與之哭，不逆于門外。

夫人爲寄公夫人出，命婦爲夫人之命出，士妻不當斂則爲命婦出。

小斂，主人即位于户内，主婦東面，乃斂。卒斂，主人馮之踴，主婦亦如之。主人袒，説髦，括髮以麻。婦人髽，帶麻于房中。

徹帷，男女奉尸夷于堂，降拜。

君拜寄公、國賓，大夫、士拜卿大夫于位，于士旁三拜；夫人亦拜寄公夫人于堂上，大夫内子、士妻特拜命婦，氾拜衆賓于堂上。主人即位，襲帶絰踴。母之喪，即位而免，乃奠。吊者襲裘，加武帶絰，與主人拾踴。

君喪，虞人出木、角，狄人出壺，雍人出鼎，司馬縣之。乃官代哭。大夫，官代哭，不縣壺；士，代哭不以官。君堂上二燭，下二燭，大夫堂上一燭，下二燭，士堂上一燭，下一燭。

賓出，徹帷。

哭尸于堂上，主人在東方，由外來者在西方，諸婦南鄉。

婦人迎客、送客不下堂，下堂不哭；男子出寢門見人，不哭。其無女主，則男主拜女賓于寢門内；其無男主，則女主拜男賓于阼階下。子幼，則以衰抱之，人爲之拜；爲後者不在，則有爵者辭，無爵者，人爲之拜。在竟内則俟之，在竟外則殯葬可也。喪有無後，無無主。

君之喪三日，子、夫人杖；五日既殯，授大夫、世婦杖。子、大夫寢門之外杖，寢門之内輯之；夫人、世婦在其次則杖，即位則使人執之。子有王命則去杖，國君之命則輯杖，聽卜、有事于尸則去杖。大夫于君所則輯杖，于大夫所則杖。

大夫之喪，三日之朝既殯，主人、主婦、室老皆杖。大夫有君命則去杖，大夫之命則輯杖；内子爲夫人之命去杖，爲世婦之命授人杖。

士之喪，二日而殯，三日之朝，主人杖，婦人皆杖。于君命、夫人之命，如大夫；于大夫、世婦之命，如大夫。子皆杖，不以即位。大夫、士哭殯則杖，哭柩則輯杖。弃杖者，斷而弃之于隱者。

君設大盤，造冰焉；大夫設夷盤，造冰焉；士併瓦盤，無冰。設床，襢第。有枕，含一床，襲一床，遷尸于堂又一床，皆有枕席。君、大夫、士一也。







始死，遷尸于床，幠用斂衾，去死衣。小臣楔齒用角柶，綴足用燕几，君、大夫、士一也。

管人汲，不説繘，屈之。盡階，不升堂，授御者。御者入浴，小臣四人抗衾，御者二人浴。浴水用盆，沃水用枓，浴用絺巾，挋用浴衣，如它日。小臣爪足，浴餘水弃于坎。其母之喪，則内御者抗衾而浴。

管人汲，授御者。御者差沐于堂上。君沐粱，大夫沐稷，士沐粱。甸人爲垼于西墻下，陶人出重鬲。管人受沐，乃煮之。甸人取所徹廟之西北厞薪，用爨之。管人授御者沐，乃沐。沐用瓦盤，挋用巾，如它日。小臣爪手翦須，濡濯弃于坎。

君之喪，子、大夫、公子、衆士皆三日不食。子、大夫、公子食粥，納財，朝一溢米，莫一溢米，食之無筭；士疏食水飲，食之無筭；夫人、世婦、諸妻皆疏食水飲，食之無筭。

大夫之喪，主人、室老、子姓皆食粥；衆士疏食水飲，妻妾疏食水飲。士亦如之。

既葬，主人疏食水飲，不食菜果；婦人亦如之，君、大夫、士一也。練而食菜果，祥而食肉。

食粥于盛，不盥，食于篹者盥。食菜以醯、醬。始食肉者，先食乾肉；始飲酒者，先飲醴酒。

期之喪，三不食。食疏食水飲，不食菜果。三月既葬，食肉飲酒。期，終喪不食肉，不飲酒。父在，爲母爲妻，九月之喪，食飲猶期之喪也。食肉飲酒，不與人樂之。

五月、三月之喪，壹不食，再不食，可也。比葬，食肉飲酒，不與人樂之。叔母、世母、故主、宗子，食肉飲酒。不能食粥，羹之以菜可也；有疾，食肉飲酒可也。五十不成喪。

七十唯衰麻在身。既葬，若君食之則食之，大夫、父之友食之則食之矣。不辟粱肉，若有酒醴則辭。

小斂于户内，大斂于阼。君以簟席，大夫以蒲席，士以葦席。

小斂：布絞，縮者一，橫者三。君錦衾，大夫縞衾，士緇衾，皆一，衣十有九稱。君陳衣于序東，大夫、士陳衣于房中，皆西領，北上。絞、紟不在列。



# 禮記卷第四十五

## 喪大記第二十二

大斂：布絞，縮者三，橫者五。布紟，二衾。君、大夫、士一也。君陳衣于庭，百稱，北領，西上；大夫陳衣于序東，五十稱，西領，南上；士陳衣于序東，三十稱，西領，南上。絞、紟如朝服。絞一幅爲三，不辟。紟五幅，無紞。

小斂之衣，祭服不倒。君無襚。大夫、士畢主人之祭服。親戚之衣，受之，不以即陳。小斂，君、大夫、士皆用複衣複衾；大斂，君、大夫、士祭服無筭，君褶衣褶衾，大夫、士猶小斂也。

袍必有表，不禪，衣必有裳，謂之一稱。

凡陳衣者實之篋，取衣者亦以篋，升降者自西階。凡陳衣不詘，非列采不入，絺、綌、紵不入。

凡斂者袒，遷尸者襲。君之喪，大胥是斂，衆胥佐之；大夫之喪，大胥侍之，衆胥是斂；士之喪，胥爲侍，士是斂。

小斂大斂，祭服不倒，皆左衽，結絞不紐。

斂者既斂，必哭。士與其執事則斂，斂焉則爲之壹不食。凡斂者六人。

君錦冒黼殺，綴旁七；大夫玄冒黼殺，綴旁五；士緇冒赬殺，綴旁三。凡冒，質長與手齊，殺三尺。自小斂以往用夷衾，夷衾質殺之，裁猶冒也。

君將大斂，子弁絰，即位于序端。卿、大夫即位于堂廉楹西，北面，東上，父、兄堂下，北面；夫人、命婦尸西，東面，外宗房中南面。小臣鋪席，商祝鋪絞、紟、衾、衣，士盥于盤上，士舉遷尸于斂上。卒斂，宰告，子馮之踊，夫人東面亦如之。

大夫之喪，將大斂，既鋪絞、紟、衾、衣，君至，主人迎，先入門右，巫止于門外。君釋菜，祝先入，升堂。君即位于序端；卿、大夫即位于堂廉楹西，北面，東上。主人房外南面，主婦尸西，東面。遷尸。卒斂，宰告，主人降，北面于堂下，君撫之。主人拜稽顙。君降，升主人馮之，命主婦馮之。

士之喪，將大斂，君不在，其餘禮猶大夫也。鋪絞、紟踊，鋪衾踊，鋪衣踊，遷尸踊，斂衣踊，斂衾踊，斂絞、紟踊。君撫大夫，撫內命婦；大夫撫室老，撫侄、娣。君、大夫馮父母、妻、長子，不馮庶子；士馮父母、妻、長子、庶子。庶子有子，則父母不馮其尸。凡馮尸者，父母先，妻、子後。君于臣撫之，父母于子執之，子于父母馮之，婦于舅姑奉之，舅姑于婦撫之，妻于夫拘之，夫于妻、于昆弟執之。馮尸不當君所。凡馮尸，興必踊。

父母之喪，居倚廬，不塗，寢苫枕凷，非喪事不言。君爲廬，宮之；大夫、士襢之。

既葬，柱楣，塗廬，不于顯者；君、大夫、士皆宮之。

凡非適子者，自未葬，以于隱者爲廬。

既葬，與人立，君言王事，不言國事；大夫、士言公事，不言家事。

君既葬，王政入于國。既卒哭而服王事。大夫、士既葬，公政入于家。既卒哭，弁絰帶，金革之事無辟也。

既練，居堊室，不與人居。君謀國政，大夫、士謀家事。既祥，黝堊。祥而外無哭者，禫而內無哭者，樂作矣故也。

禫而從御，吉祭而復寢。期，居廬，終喪不御于內者。父在爲母、爲妻齊衰期者，大功布衰九月者，皆三月不御于內。婦人不居廬，不寢苫。喪父母，既練而歸。期、九月者，既葬而歸。

公之喪，大夫俟練，士卒哭而歸。

大夫、士父母之葬，既練而歸，朔月、忌日則歸哭于宗室。諸父、兄弟之喪，既卒哭而歸。

父不次于子，兄不次于弟。

君于大夫、世婦，大斂焉。爲之賜，則小斂焉。于外命婦，既加蓋而君至。于士，既殯而往。爲之賜，大斂焉。夫人于世婦，大斂焉。爲之賜，小斂焉。于諸妻，爲之賜，大斂焉。于大夫、外命婦，既殯而往。大夫、士既殯而君往焉，使人戒之。主人具殷奠之禮，俟于門外，見馬首，先入門右。巫止于門外，祝代之先。君釋菜于門內。祝先升自阼階，負墉南面。君即位于阼，小臣二人執戈立于前，二人立于後。擯者進，主人拜稽顙。君稱言，視祝而踴，主人踴。大夫則奠可也。士則出俟于門外。命之反奠，乃反奠。卒奠，主人先俟于門外。君退，主人送于門外，拜稽顙。君于大夫疾，三問之；在殯，三往焉。士疾，壹問之；在殯，壹往焉。

君吊，則復殯服。

夫人吊于大夫、士，主人出迎于門外，見馬首，先入門右。夫人入，升堂即位。主婦降自西階，拜稽顙于下。夫人視世子而踴，奠如君至之禮。夫人退，主婦送于門內，拜稽顙。主人送于大門之外，不拜。

大夫、君不迎于門外，入即位于堂下。主人北面，衆主人南面；婦人即位于房中。若有君命、命夫命婦之命、四鄰賓客，其君後主人而拜。

君吊，見尸柩而後踴。

大夫、士，若君不戒而往，不具殷奠。君退，必奠。

君大棺八寸，屬六寸，椑四寸；上大夫大棺八寸，屬六寸；下大夫大棺六寸，屬四寸；士棺六寸。

君裏棺用朱緑，用雜金鐕；大夫裏棺用玄緑，用牛骨鐕；士不緑。

君蓋用漆，三衽三束；大夫蓋用漆，二衽二束；士蓋不用漆，二衽二束。

君、大夫鬊爪實于緑中，士埋之。

君殯用輴，欑至于上，畢塗屋；大夫殯以幬，欑置于西序，塗不暨于棺；士殯見衽，塗上帷之。

熬，君四種八筐，大夫三種六筐，士二種四筐，加魚腊焉。

飾棺：君龍帷、三池、振容、黼荒，火三列，黼三列，素錦褚，加僞荒；纁紐六，齊五采，五貝；黼翣二、黻翣二、畫翣二，皆戴圭；魚躍拂池。君纁戴六，纁披六。大夫畫帷，二池，不振容；畫荒，火三列，黻三列，素錦褚；纁紐二，玄紐二，齊三采，三貝；黻翣二，畫翣二，皆戴綏；魚躍拂池。大夫戴前纁後玄，披亦如之。士布帷，布荒，一池，揄絞；纁紐二，緇紐二；齊三采，一貝，畫翣二，皆戴綏。士戴前纁後緇，二披用纁。

君葬用輴，四綍二碑，御棺用羽葆。大夫葬用輴，二綍二碑，御棺用茅。士葬用國車，二綍無碑，比出宮，御棺用功布。

凡封，用綍去碑負引。君封以衡，大夫、士以咸。君，命毋譁，以鼓封。大夫，命毋哭；士，哭者相止也。

君松椁，大夫柏椁，士雜木椁。

棺椁之間，君容柷，大夫容壺，士容甒。君裏椁、虞筐，大夫不裏椁，士不虞筐。

# 禮記卷第四十六

## 祭法第二十三

祭法：有虞氏禘黄帝而郊嚳，祖顓頊而宗堯。夏后氏亦禘黄帝而郊鯀，祖顓頊而宗禹。殷人禘嚳而郊冥，祖契而宗湯。周人禘嚳而郊稷，祖文王而宗武王。

燔柴于泰壇，祭天也；瘞埋于泰折，祭地也；用騂犢。

埋少牢于泰昭，祭時也；相近于坎、壇，祭寒暑也。王宫，祭日也；夜明，祭月也；幽宗，祭星也；雩宗，祭水旱也；四坎、壇，祭四方也。山林、川谷、丘陵能出雲，爲風雨，見怪物，皆曰神。有天下者祭百神。諸侯在其地則祭之，亡其地則不祭。

大凡生于天地之間者皆曰命，其萬物死皆曰折，人死曰鬼，此五代之所不變也。七代之所更立者，禘、郊、宗、祖，其餘不變也。

天下有王，分地建國，置都立邑，設廟、祧、壇、墠而祭之，乃爲親疏多少之數。是故王立七廟，一壇一墠，曰考廟，曰王考廟，曰皇考廟，曰顯考廟，曰祖考廟，皆月祭之。遠廟爲祧，有二祧，享嘗乃止。去祧爲壇，去壇爲墠。壇、墠，有禱焉祭之，





無禱乃止。去墠曰鬼。諸侯立五廟，一壇一墠，曰考廟，曰王考廟，曰皇考廟，皆月祭之。顯考廟，祖考廟，享嘗乃止。去祖爲壇，去壇爲墠。壇墠，有禱焉祭之，無禱乃止。去墠爲鬼。大夫立三廟二壇，曰考廟，曰王考廟，曰皇考廟，享嘗乃止。顯考、祖考無廟，有禱焉，爲壇祭之。去壇爲鬼。適士二廟一壇，曰考廟，曰王考廟，享嘗乃止。顯考無廟，有禱焉，爲壇祭之。去壇爲鬼。官師一廟，曰考廟，王考無廟而祭之，去王考爲鬼。庶士、庶人無廟，死曰鬼。

王爲群姓立社，曰大社。王自爲立社，曰王社。諸侯爲百姓立社，曰國社。諸侯自立社，曰侯社。大夫以下成群立社，曰置社。

王爲群姓立七祀，曰司命，曰中霤，曰國門，曰國行，曰泰厲，曰户，曰竈。王自爲立七祀。諸侯爲國立五祀，曰司命，曰中霤，曰國門，曰國行，曰公厲。諸侯自爲立五祀。大夫立三祀，曰族厲，曰門，曰行。適士立二祀，曰門，曰行。庶士、庶人立一祀，或立户，或立竈。

王下祭殤五：適子、適孫、適曽孫、適玄孫、適來孫。諸侯下祭三，大夫下祭二，

適士及庶人祭子而止。

夫聖王之制祭祀也，法施于民則祀之，以死勤事則祀之，以勞定國則祀之，能御大災則祀之，能捍大患則祀之。是故厲山氏之有天下也，其子曰農，能殖百穀；夏之衰也，周弃繼之，故祀以爲稷；共工氏之霸九州也，其子曰后土，能平九州，故祀以爲社。帝嚳能序星辰以著衆，堯能賞均刑法以義終，舜勤衆事而野死，鯀鄣鴻水而殛死，禹能脩鯀之功，黄帝正名百物以明民共財，顓頊能脩之，契爲司徒而民成，冥勤其官而水死，湯以寬治民而除其虐，文王以文治，武王以武功去民之災，此皆有功烈于民者也；及夫日、月、星辰，民所瞻仰也，山林、川谷、丘陵，民所取財用也。非此族也，不在祀典。



# 禮記卷第四十七

## 祭義第二十四

祭不欲數，數則煩，煩則不敬。祭不欲疏，疏則怠，怠則忘。是故君子合諸天道，春禘秋嘗。霜露既降，君子履之必有悽愴之心，非其寒之謂也。春，雨露既濡，君子履之必有怵惕之心，如將見之。樂以迎來，哀以送往，故禘有樂而嘗無樂。

致齊于內，散齊于外。齊之日，思其居處，思其笑語，思其志意，思其所樂，思其所嗜。齊三日，乃見其所爲齊者。祭之日，入室，僾然必有見乎其位；周還出户，肅然必有聞乎其容聲；出户而聽，愾然必有聞乎其嘆息之聲。

是故先王之孝也，色不忘乎目，聲不絶乎耳，心志嗜欲不忘乎心。致愛則存，致慤則著，著、存不忘乎心，夫安得不敬乎？君子生則敬養，死則敬享，思終身弗辱也。君子有終身之喪，忌日之謂也。忌日不用，非不祥也。言夫日志有所至，而不敢盡其私也。唯聖人爲能饗帝，孝子爲能饗親。饗者，鄉也，鄉之然後能饗焉。是故孝子臨尸而不怍，君牽牲，夫人奠盎。君獻尸，夫人薦豆。卿、大夫相君，命婦相夫人。齊齊乎其敬也，愉愉乎其忠也，勿勿諸其欲其饗之也。

文王之祭也，事死者如事生，思死者如不欲生。忌日必哀，稱諱如見親，祀之忠也。如見親之所愛，如欲色然，其文王與？《詩》云『明發不寐，有懷二人』，文王之詩也。祭之明日，明發不寐，饗而致之，又從而思之。祭之日，樂與哀半，饗之必樂，已至必哀。仲尼嘗，奉薦而進，其親也慤，其行也趨趨以數。已祭，子贛問曰：『子之言祭，濟濟漆漆然；今子之祭，無濟濟漆漆，何也？』子曰：『濟濟者，容也，遠也；漆漆者，容也，自反也。容以遠，若容以自反也，夫何神明之及交？夫何濟濟漆漆之有乎？反饋樂成，薦其薦俎，序其禮樂，備其百官，君子致其濟濟漆漆，夫何慌惚之有乎？夫言豈一端而已，夫各有所當也。』

孝子將祭，慮事不可以不豫；比時具物，不可以不備；虛中以治之。

宮室既脩，墻屋既設，百物既備，夫婦齊戒，沐浴，盛服奉承而進之。洞洞乎，屬屬乎，如弗勝，如將失之，其孝敬之心至也與！薦其薦俎，序其禮樂，備其百官，奉承而進之。

于是諭其志意，以其恍惚以與神明交，庶或饗之。庶或饗之，孝子之志也。

孝子之祭也，盡其慤而慤焉，盡其信而信焉，盡其敬而敬焉，盡其禮而不過失焉。進退必敬，如親聽命，則或使之也。孝子之祭可知也，其立之也，敬以詘；其進之也，敬以愉；其薦之也，敬以欲。退而立，如將受命；已徹而退，敬齊之色不絶于面。

孝子之祭也，立而不詘，固也；進而不愉，疏也；薦而不欲，不愛也；退立而不如受命，敖也；已徹而退，無敬齊之色，而忘本也。如是而祭，失之矣。

孝子之有深愛者，必有和氣；有和氣者，必有愉色；有愉色者，必有婉容。孝子如執玉，如奉盈，洞洞屬屬然如弗勝，如將失之。嚴威儼恪，非所以事親也，成人之道也。先王之所以治天下者五，貴有德，貴貴，貴老，敬長，慈幼。此五者，先王之所以定天下也。貴有德，何爲也？爲其近于道也。貴貴，爲其近于君也。貴老，爲其近于親也。敬長，爲其近于兄也。慈幼，爲其近于子也。是故至孝近乎王，至弟近乎霸。至孝近乎王，雖天子必有父；至弟近乎霸，雖諸侯必有兄。先王之教，因而弗改，所以領天下國家也。

子曰：『立愛自親始，教民睦也；立教自長始，教民順也。教以慈睦，而民貴有親；教以敬長，而民貴用命。孝以事親，順以聽命，錯諸天下，無所不行。』

郊之祭也，喪者不敢哭，凶服者不敢入國門，敬之至也。祭之日，君牽牲，穆答君，卿、大夫序從。既入廟門，麗于碑，卿大夫袒，而毛牛尚耳，鸞刀以刲，取膟膋，乃退。爓祭祭腥，而退，敬之至也。

郊之祭，大報天，而主日，配以月。夏后氏祭其闇，殷人祭其陽。周人祭日，以朝及闇。

祭日于壇，祭月于坎，以別幽明，以制上下。

祭日于東，祭月于西，以別外內，以端其位。

日出于東，月生于西。陰陽長短，終始相巡，以致天下之和。

天下之禮，致反始也，致鬼神也，致和用也，致義也，致讓也。致反始，以厚其本也；致鬼神，以尊上也；致物用，以立民紀也；致義，則上下不悖逆矣；致讓，以去爭也。合此五者，以治天下之禮也。雖有奇邪而不治者，則微矣。

宰我曰：『吾聞鬼神之名，不知其所謂。』子曰：『氣也者，神之盛也；魄也者，鬼之盛也；合鬼與神，教之至也。

『衆生必死，死必歸土，此之謂鬼。骨肉斃于下，陰爲野土。

『其氣發揚于上，爲昭明，焄蒿淒愴，此百物之精也，神之著也。因物之精，制爲之極，明命鬼神，以爲黔首則，百衆以畏，萬民以服。

『聖人以是爲未足也，築爲宮室，設爲宗祧，以別親疏遠邇；教民反古復始，不忘其所由生也。衆之服自此，故聽且速也。

『二端既立，報以二禮。建設朝事，燔燎羶薌，見以蕭光，以報氣也。此教衆反始也。薦黍稷，羞肝、肺、首、心，見間以俠甒，加以鬱鬯，以報魄也。教民相愛，上下用情，禮之至也。』

# 禮記卷第四十八

## 祭義第二十四

『君子反古復始，不忘其所由生也。是以致其敬，發其情，竭力從事，以報其親，不敢弗盡也。

『是故昔者天子爲藉千畝，冕而朱紘，躬秉耒；諸侯爲藉百畝，冕而青紘，躬秉耒，以事天地、山川、社稷、先古，以爲醴酪齊盛，于是乎取之，敬之至也。

『古者天子、諸侯必有養獸之官，及歲時，齊戒沐浴而躬朝之。犧、牷祭牲，必于是取之，敬之至也。君召牛，納而視之，擇其毛而卜之，吉，然後養之。君皮弁素積，朔月、月半君巡牲，所以致力，孝之至也。

『古者天子、諸侯必有公桑蠶室，近川而爲之，築宮仞有三尺，棘墻而外閉之。及大昕之朝，君皮弁素積，卜三宮之夫人、世婦之吉者，使入蠶于蠶室，奉種浴于川；桑于公桑，風戾以食之。歲既單矣，世婦卒蠶，奉繭以示于君，遂獻繭于夫人。夫人曰：「此所以爲君服與！」遂副、褘而受之，因少牢以禮之。古之獻繭者，其




率用此與？及良日，夫人繅，三盆手，遂布于三宮夫人、世婦之吉者，使繅；遂朱綠之，玄黄之，以爲黼黻文章。服既成，君服以祀先王先公，敬之至也。』

君子曰：『禮樂不可斯須去身。致樂以治心，則易直子諒之心油然生矣。易直子諒之心生則樂，樂則安，安則久，久則天，天則神。天則不言而信，神則不怒而威，致樂以治心者也。致禮以治躬則莊敬，莊敬則嚴威。心中斯須不和不樂，而鄙詐之心入之矣；外貌斯須不莊不敬，而慢易之心入之矣。故樂也者，動于內者也；禮也者，動于外者也。樂極和，禮極順。內和而外順，則民瞻其顔色而不與争也，望其容貌而衆不生慢易焉。故德煇動乎內，而民莫不承聽；理發乎外，而衆莫不承順。故曰：「致禮樂之道，而天下塞焉，舉而錯之無難矣。」樂也者，動于內者也；禮也者，動于外者也。故禮主其減，樂主其盈。禮減而進，以進爲文；樂盈而反，以反爲文。禮減而不進則銷，樂盈而不反則放。故禮有報而樂有反。禮得其報則樂，樂得其反則安。禮之報，樂之反，其義一也。』

曾子曰：『孝有三，大孝尊親，其次弗辱，其下能養。』公明儀問于曾子曰：『夫

子可以爲孝乎？』曾子曰：『是何言與！是何言與！君子之所爲孝者，先意承志，諭父母于道。參直養者也。安能爲孝乎？』曾子曰：『身也者，父母之遺體也。行父母之遺體，敢不敬乎？居處不莊，非孝也；事君不忠，非孝也；莅官不敬，非孝也；朋友不信，非孝也；戰陳無勇，非孝也。五者不遂，灾及于親，敢不敬乎？亨、熟、膻、薌，嘗而薦之，非孝也，養也。君子之所謂孝也者，國人稱願然，曰「幸哉有子如此！」所謂孝也已。衆之本教曰孝，其行曰養，養可能也，敬爲難；敬可能也，安爲難；安可能也，卒爲難。父母既没，慎行其身，不遺父母惡名，可謂能終矣。仁者仁此者也，禮者履此者也，義者宜此者也，信者信此者也，强者强此者也。樂自順此生，刑自反此作。』曾子曰：『夫孝，置之而塞乎天地，溥之而横乎四海，施諸後世而無朝夕。推而放諸東海而準，推而放諸西海而準，推而放諸南海而準，推而放諸北海而準。《詩》云：「自西自東，自南自北，無思不服。」此之謂也。』曾子曰：『樹木以時伐焉，禽獸以時殺焉。夫子曰：「斷一樹，殺一獸，不以其時，非孝也。」孝有三，小孝用力，中孝用勞，大孝不匱。思慈愛忘勞，可謂用力矣；尊仁安義，可謂用勞矣；博施備物，可謂不匱矣。父母愛之，嘉而弗忘；父母惡之，懼而無怨；父母有過，諫而不逆；父母既没，必求仁者之粟以祀之。此之謂禮終。』

樂正子春下堂而傷其足，數月不出，猶有憂色。門弟子曰：『夫子之足瘳矣，數月不出，猶有憂色，何也？』樂正子春曰：『善如爾之問也！善如爾之問也！吾聞諸曾子，曾子聞諸夫子曰：「天之所生，地之所養，無人爲大。父母全而生之，子全而歸之，可謂孝矣。不虧其體，不辱其身，可謂全矣。故君子頃步而弗敢忘孝也。」今予忘孝之道，予是以有憂色也。壹舉足而不敢忘父母，壹出言而不敢忘父母。壹舉足而不敢忘父母，是故道而不徑，舟而不游，不敢以先父母之遺體行殆；壹出言而不敢忘父母，是故惡言不出于口，忿言不反于身。不辱其身，不羞其親，可謂孝矣。』

昔者有虞氏貴德而尚齒，夏后氏貴爵而尚齒，殷人貴富而尚齒，周人貴親而尚齒。虞、夏、殷、周，天下之盛王也，未有遺年者。年之貴乎天下久矣，次乎事親也。

是故朝廷同爵則尚齒，七十杖于朝，君問則席；八十不俟朝，君問則就之，而弟達乎朝廷矣。

行，肩而不併，不錯則隨，見老者則車、徒辟。斑白者不以其任行乎道路，而弟達乎道路矣。居鄉以齒，而老窮不遺，强不犯弱，衆不暴寡，而弟達乎州巷矣。

古之道，五十不爲甸徒，頒禽隆諸長者，而弟達乎獀狩矣。軍旅什伍，同爵則尚齒，而弟達乎軍旅矣。

孝弟發諸朝廷，行乎道路，至乎州巷，放乎獀狩，脩乎軍旅，衆以義死之，而弗敢犯也。

祀乎明堂，所以教諸侯之孝也；食三老五更于大學，所以教諸侯之弟也；祀先賢于西學，所以教諸侯之德也；耕藉，所以教諸侯之養也；朝覲，所以教諸侯之臣也。五者，天下之大教也。食三老五更于大學，天子袒而割牲，執醬而饋，執爵而酳，冕而揔干，所以教諸侯之弟也。是故鄉里有齒而老窮不遺，强不犯弱，衆不暴寡，此由大學來者也。天子設四學，當入學而大子齒。



天子巡守，諸侯待于竟。天子先見百年者。八十九十者東行，西行者弗敢過；西行，東行者弗敢過。欲言政者，君就之可也。壹命齒于鄉里，再命齒于族，三命不齒。族有七十者弗敢先。七十者不有大故不入朝；若有大故而入，君必與之揖讓，而後及爵者。

天子有善，讓德于天；諸侯有善，歸諸天子；卿、大夫有善，薦于諸侯；士、庶人有善，本諸父母，存諸長老。禄爵慶賞，成諸宗廟，所以示順也。昔者聖人建陰陽天地之情，立以爲《易》，易抱龜南面，天子卷冕北面，雖有明知之心，必進斷其志焉，示不敢專，以尊天也。善則稱人，過則稱己，教不伐，以尊賢也。

孝子將祭祀，必有齊莊之心以慮事，以具服物，以脩宮室，以治百事。及祭之日，顔色必温，行必恐，如懼不及愛然。其奠之也，容貌必温，身必詘，如語焉而未之然。宿者皆出，其立卑静以正，如將弗見然。及祭之後，陶陶遂遂，如將復入然。是故慤善不違身，耳目不違心，思慮不違親。結諸心，形諸色，而術省之，孝子之志也。

建國之神位，右社稷而左宗廟。

# 禮記卷第四十九

## 祭統第二十五

凡治人之道，莫急于禮。禮有五經，莫重于祭。夫祭者，非物自外至者也，自中出生于心也。心怵而奉之以禮，是故唯賢者能盡祭之義。

賢者之祭也，必受其福，非世所謂福也。福者，備也。備者，百順之名也；無所不順者謂之備。言内盡于己，而外順于道也。忠臣以事其君，孝子以事其親，其本一也。上則順于鬼神，外則順于君長，内則以孝于親，如此之謂備。唯賢者能備，能備然後能祭。是故賢者之祭也，致其誠信，與其忠敬，奉之以物，道之以禮，安之以樂，參之以時，明薦之而已矣，不求其爲。此孝子之心也。祭者，所以追養繼孝也。孝者，畜也，順于道，不逆于倫，是之謂畜。

是故孝子之事親也，有三道焉：生則養，没則喪，喪畢則祭。養則觀其順也，喪則觀其哀也，祭則觀其敬而時也。盡此三道者，孝子之行也。既内自盡，又外求助，昏禮是也。故國君取夫人之辭曰：『請君之玉女，與寡人共有敝邑，事宗廟社



稷。』此求助之本也。夫祭也者，必夫婦親之，所以備外内之官也；官備則具備。水草之菹，陸産之醢，小物備矣；三牲之俎，八簋之實，美物備矣；昆蟲之異，草木之實，陰陽之物備矣。

凡天之所生，地之所長，苟可薦者，莫不咸在，示盡物也。外則盡物，内則盡志，此祭之心也。是故天子親耕于南郊，以共齊盛；王后蠶于北郊，以共純服；諸侯耕于東郊，亦以共齊盛；夫人蠶于北郊，以共冕服。天子、諸侯非莫耕也，王后、夫人非莫蠶也。身致其誠信，誠信之謂盡，盡之謂敬，敬盡然後可以事神明。此祭之道也。

及時將祭，君子乃齊。齊之爲言齊也，齊不齊以致齊者也。是以君子非有大事也，非有恭敬也，則不齊。不齊則于物無防也，嗜欲無止也。及其將齊也，防其邪物，訖其嗜欲，耳不聽樂，故《記》曰『齊者不樂』，言不敢散其志也。心不苟慮，必依于道；手足不苟動，必依于禮。是故君子之齊也，專致其精明之德也，故散齊七日以定之，致齊三日以齊之。定之之謂齊，齊者，精明之至也，然後可以交于神明也。是故先期旬有一日，宫宰宿夫人，夫人亦散齊七日，致齊三日。君致齊于外，

夫人致齊于內，然後會于大廟。君純冕立于阼，夫人副禕立于東房。君執圭瓚祼尸，大宗執璋瓚亞祼。及迎牲，君執紖，卿、大夫從，士執芻。宗婦執盎，從夫人，薦涚水；君執鸞刀，羞嚌，夫人薦豆。此之謂夫婦親之。

及入舞，君執干戚就舞位。君爲東上，冕而揔干，率其群臣，以樂皇尸。是故天子之祭也，與天下樂之；諸侯之祭也，與竟內樂之。冕而揔干，率其群臣，以樂皇尸，此與竟內樂之之義也。

夫祭有三重焉：獻之屬莫重于祼，聲莫重于升歌，舞莫重于《武宿夜》，此周道也。凡三道者，所以假于外而以增君子之志也。故與志進退，志輕則亦輕，志重則亦重。輕其志而求外之重也，雖聖人弗能得也。是故君子之祭也，必身自盡也，所以明重也。道之以禮，以奉三重而薦諸皇尸，此聖人之道也。

夫祭有餕；餕者祭之末也，不可不知也。是故古之人有言曰『善終者如始，餕其是已』。是故古之君子曰『尸亦餕鬼神之餘』也，惠術也，可以觀政矣。是故尸謖，君與卿四人餕。君起，大夫六人餕，臣餕君之餘也；大夫起，士八人餕，賤餕貴之餘也；士起，各執其具以出，陳于堂下，百官進，徹之，下餕上之餘也。凡餕之道，每變以衆，所以別貴賤之等，而興施惠之象也。是故以四簋黍見其脩于廟中也。廟中者，竟內之象也。祭者，澤之大者也，是故上有大澤，則惠必及下，顧上先下後耳，非上積重而下有凍餒之民也。是故上有大澤，則民夫人待于下流，知惠之必將至也，由餕見之矣。故曰『可以觀政矣』。

夫祭之爲物大矣，其興物備矣。順以備者也，其教之本與！是故君子之教也，外則教之以尊其君長，內則教之以孝于其親。是故明君在上，則諸臣服從；崇事宗廟社稷，則子孫順孝。盡其道，端其義，而教生焉。是故君子之事君也，必身行之，所不安于上，則不以使下；所惡于下，則不以事上。非諸人，行諸己，非教之道也。是故君子之教也，必由其本，順之至也，祭其是與！故曰『祭者，教之本也已』。

夫祭有十倫焉：見事鬼神之道焉，見君臣之義焉，見父子之倫焉，見貴賤之等焉，見親疏之殺焉，見爵賞之施焉，見夫婦之別焉，見政事之均焉，見長幼之序焉，見上下之際焉。此之謂十倫。鋪筵設同几，爲依神也；詔祝于室，而出于祊，此交神明之道也。

君迎牲而不迎尸，别嫌也。尸在廟門外則疑于臣，在廟中則全于君。君在廟門外則疑于君，入廟門則全于臣、全于子。是故不出者，明君臣之義也。

夫祭之道，孫爲王父尸。所使爲尸者，于祭者子行也。父北面而事之，所以明子事父之道也。此父子之倫也。

尸飲五，君洗玉爵獻卿；尸飲七，以瑶爵獻大夫；尸飲九，以散爵獻士及群有司，皆以齒。明尊卑之等也。

夫祭有昭穆，昭穆者，所以别父子、遠近、長幼、親疏之序而無亂也。是故有事于大廟，則群昭群穆咸在，而不失其倫，此之謂親疏之殺也。

古者明君爵有德而禄有功，必賜爵禄于大廟，示不敢專也。故祭之日，一獻，君降立于阼階之南，南鄉，所命北面，史由君右，執策命之，再拜稽首，受書以歸，而舍奠于其廟。此爵賞之施也。

君卷冕立于阼，夫人副褘立于東房。夫人薦豆執校，執醴授之，執鐙。尸酢夫人執柄，夫人受尸執足。夫婦相授受，不相襲處，酢必易爵，明夫婦之别也。

凡爲俎者，以骨爲主。骨有貴賤，殷人貴髀，周人貴肩。凡前貴于後。俎者，所以明祭之必有惠也。是故貴者取貴骨，賤者取賤骨。貴者不重，賤者不虚，示均也。惠均則政行，政行則事成，事成則功立。功之所以立者，不可不知也。俎者，所以明惠之必均也，善爲政者如此，故曰『見政事之均焉』。

凡賜爵，昭爲一，穆爲一。昭與昭齒，穆與穆齒。凡群有司皆以齒，此之謂長幼有序。

夫祭有畀煇、胞、翟、閽者，惠下之道也。唯有德之君爲能行此，明足以見之，仁足以與之。畀之爲言與也，能以其餘畀其下者也。煇者，甲吏之賤者也；胞者，肉吏之賤者也；翟者，樂吏之賤者也；閽者，守門之賤者也。古者不使刑人守門，此四守者，吏之至賤者也。尸又至尊，以至尊既祭之末而不忘至賤，而以其餘畀之。是故明君在上，則竟内之民無凍餒者矣，此之謂上下之際。

凡祭有四時：春祭曰礿，夏祭曰禘，秋祭曰嘗，冬祭曰烝。礿、禘，陽義也；嘗、烝，陰義也。禘者，陽之盛也；嘗者，陰之盛也。故曰『莫重于禘、嘗』。古者于禘也，發爵賜服，順陽義也；于嘗也，出田邑，發秋政，順陰義也。故《記》曰：『嘗之日，發公室，示賞也。』草艾則墨，未發秋政，則民弗敢草也。故曰：『禘、嘗之義大矣，治國之本也，不可不知也。明其義者，君也；能其事者，臣也。不明其義，君人不全；不能其事，爲臣不全。』夫義者，所以濟志也，諸德之發也。是故其德盛者其志厚，其志厚者其義章，其義章者其祭也敬。祭敬，則竟內之子孫莫敢不敬矣。是故君子之祭也，必身親莅之；有故則使人可也。雖使人也，君不失其義者，君明其義故也。其德薄者其志輕，疑于其義而求祭，使之必敬也，弗可得已。祭而不敬，何以爲民父母矣！

夫鼎有銘，銘者自名也，自名以稱揚其先祖之美，而明著之後世者也。爲先祖者，莫不有美焉，莫不有惡焉。銘之義，稱美而不稱惡，此孝子孝孫之心也，唯賢者能之。銘者，論撰其先祖之有德善，功烈、勛勞、慶賞、聲名，列于天下，而酌之祭器，自成其名焉，以祀其先祖者也。顯揚先祖，所以崇孝也。身比焉，順也；明示後世，





教也。夫銘者，壹稱，而上下皆得焉耳矣。是故君子之觀于銘也，既美其所稱，又美其所爲。爲之者，明足以見之，仁足以與之，知足以利之，可謂賢矣。賢而勿伐，可謂恭矣。故衛孔悝之鼎銘曰：『六月丁亥，公假于大廟。公曰：「叔舅！乃祖莊叔，左右成公。成公乃命莊叔隨難于漢陽，即宮于宗周，奔走無射。啓右獻公。獻公乃命成叔纂乃祖服。乃考文叔，興舊耆欲，作率慶士，躬恤衛國。其勤公家，夙夜不解，民咸曰休哉！」公曰：「叔舅！予女銘，若纂乃考服。」悝拜稽首曰：「對揚以辟之。勤大命，施于烝彝鼎。」』此衛孔悝之鼎銘也。古之君子論撰其先祖之美，而明著之後世者也，以比其身，以重其國家如此。子孫之守宗廟社稷者，其先祖無美而稱之，是誣也；有善而弗知，不明也；知而弗傳，不仁也。此三者，君子之所耻也。

昔者周公旦有勛勞于天下，周公既没，成王、康王追念周公之所以勛勞者，而欲尊魯，故賜之以重祭。外祭則郊、社是也，内祭則大嘗禘是也。夫大嘗禘，升歌《清廟》，下而管《象》，朱干玉戚以舞《大武》；八佾以舞《大夏》，此天子之樂也。康周公，故以賜魯也。子孫纂之，至于今不廢，所以明周公之德，而又以重其國也。

# 禮記卷第五十

## 經解第二十六

孔子曰：『入其國，其教可知也。其爲人也，温柔敦厚，《詩》教也；疏通知遠，《書》教也；廣博易良，《樂》教也；絜静精微，《易》教也；恭儉莊敬，《禮》教也；屬辭比事，《春秋》教也。故《詩》之失愚，《書》之失誣，《樂》之失奢，《易》之失賊，《禮》之失煩，《春秋》之失亂。其爲人也，温柔敦厚而不愚，則深于《詩》者也；疏通知遠而不誣，則深于《書》者也；廣博易良而不奢，則深于《樂》者也；絜静精微而不賊，則深于《易》者也；恭儉莊敬而不煩，則深于《禮》者也；屬辭比事而不亂，則深于《春秋》者也。』

天子者，與天地參，故德配天地，兼利萬物，與日月並明，明照四海而不遺微小。其在朝廷，則道仁聖禮義之序；燕處，則聽《雅》、《頌》之音；行步，則有環佩之聲；升車，則有鸞和之音。居處有禮，進退有度，百官得其宜，萬事得其序。《詩》云：『淑人君子，其儀不忒。其儀不忒，正是四國。』此之謂也。發號出令而民説，



謂之和；上下相親，謂之仁；民不求其所欲而得之，謂之信；除去天地之害，謂之義。義與信，和與仁，霸王之器也。有治民之意而無其器，則不成。

禮之于正國也，猶衡之于輕重也，繩墨之于曲直也，規矩之于方圜也。故衡誠縣，不可欺以輕重；繩墨誠陳，不可欺以曲直；規矩誠設，不可欺以方圜；君子審禮，不可誣以奸詐。是故隆禮由禮，謂之有方之士；不隆禮，不由禮，謂之無方之民。敬讓之道也。故以奉宗廟則敬，以入朝廷則貴賤有位，以處室家則父子親、兄弟和，以處鄉里則長幼有序。孔子曰：『安上治民，莫善于禮。』此之謂也。

故朝覲之禮，所以明君臣之義也；聘問之禮，所以使諸侯相尊敬也；喪祭之禮，所以明臣子之恩也；鄉飲酒之禮，所以明長幼之序也；昏姻之禮，所以明男女之别也。夫禮，禁亂之所由生，猶坊止水之所自來也。故以舊坊爲無所用而壞之者，必有水敗；以舊禮爲無所用而去之者，必有亂患。

故昏姻之禮廢，則夫婦之道苦，而淫辟之罪多矣；鄉飲酒之禮廢，則長幼之序失，而争鬥之獄繁矣；喪祭之禮廢，則臣子之恩薄，而倍死忘生者衆矣；聘覲之禮

廢，則君臣之位失，諸侯之行惡，而倍畔侵陵之敗起矣。

故禮之教化也微，其止邪也于未形，使人日徙善遠罪而不自知也，是以先王隆之也。《易》曰：『君子慎始，差若豪氂，繆以千里。』此之謂也。

## 哀公問第二十七

哀公問于孔子曰：『大禮何如？君子之言禮，何其尊也？』孔子曰：『丘也小人，不足以知禮。』君曰：『否，吾子言之也。』孔子曰：『丘聞之，民之所由生，禮爲大，非禮無以節事天地之神也，非禮無以辨君臣、上下、長幼之位也，非禮無以别男女、父子、兄弟之親，昏姻疏數之交也。君子以此之爲尊敬然。然後以其所能教百姓，不廢其會節。有成事，然後治其雕鏤、文章、黼黻以嗣。其順之，然後言其喪筭，備其鼎俎，設其豕腊，脩其宗廟，歲時以敬祭祀，以序宗族。即安其居，節醜其衣服，卑其宫室，車不雕幾，器不刻鏤，食不貳味，以與民同利。昔之君子之行禮者如此。』公曰：『今之君子，胡莫行之也？』孔子曰：『今之君子，好實無厭，淫德不倦，荒怠敖慢，固民是盡，午其衆以伐有道，求得當欲，不以其所。昔之用民者由前，今之用民者由後。今之君子，莫爲禮也。』





孔子侍坐于哀公，哀公曰：『敢問人道誰爲大？』孔子愀然作色而對曰：『君之及此言也，百姓之德也！固臣敢無辭而對？人道政爲大。』公曰：『敢問何謂爲政？』孔子對曰：『政者正也，君爲正，則百姓從政矣。君之所爲，百姓之所從也。君所不爲，百姓何從？』公曰：『敢問爲政如之何？』孔子對曰：『夫婦别，父子親，君臣嚴。三者正，則庶物從之矣。』公曰：『寡人雖無似也，願聞所以行三言之道。可得聞乎？』孔子對曰：『古之爲政，愛人爲大；所以治愛人，禮爲大；所以治禮，敬爲大；敬之至矣，大昏爲大，大昏至矣！大昏既至，冕而親迎，親之也；親之也者，親之也。是故君子興敬爲親，舍敬是遺親也。弗愛不親，弗敬不正。愛與敬，其政之本與！』公曰：『寡人願有言。然，冕而親迎，不已重乎？』孔子愀然作色而對曰：『合二姓之好，以繼先聖之後，以爲天地宗廟社稷之主，君何謂已重乎？』公曰：『寡人固！不固，焉得聞此言也。寡人欲問，不得其辭，請少進。』孔子曰：『天地不合，萬物不生。大昏，萬世之嗣也。君何謂已重焉！』孔子遂言曰：『内以治宗廟之禮，足以配天地之神明；出以治直言之禮，足以立上下之敬。物耻足以振之，國耻足以興之。爲政先禮，禮其政之本與！』孔子遂言曰：『昔三代明王之政，必敬其妻、子也，有道。妻也者，親之主也，敢不敬與？子也者，親之後也，敢不敬與？君子無不敬也，敬身爲大。身也者，親之枝也，敢不敬與？不能敬其身，是傷其親；傷其親，是傷其本；傷其本，枝從而亡。三者，百姓之象也。身以及身，子以及子，妃以及妃。君行此三者，則愾乎天下矣，大王之道也。如此，則國家順矣。』

公曰：『敢問何謂敬身？』孔子對曰：『君子過言則民作辭，過動則民作則。君子言不過辭，動不過則，百姓不命而敬恭。如是則能敬其身；能敬其身，則能成其親矣。』

公曰：『敢問何謂成親？』孔子對曰：『君子也者，人之成名也。百姓歸之名，謂之君子之子，是使其親爲君子也。是爲成其親之名也已。』孔子遂言曰：『古之爲政，愛人爲大；不能愛人，不能有其身；不能有其身，不能安土；不能安土，不能樂天；不能樂天，不能成其身。』

公曰：『敢問何謂成身？』孔子對曰：『不過乎物。』

公曰：『敢問君子何貴乎天道也？』孔子對曰：『貴其不已，如日月東西相從而不已也，是天道也；不閉其久，是天道也；無爲而物成，是天道也；已成而明，是天道也。』

公曰：『寡人惷愚，冥煩，子志之心也。』孔子蹴然辟席而對曰：『仁人不過乎物，孝子不過乎物。是故仁人之事親也如事天，事天如事親，是故孝子成身。』

公曰：『寡人既聞此言也，無如後罪何？』孔子對曰：『君之及此言也，是臣之福也。』

## 仲尼燕居第二十八

仲尼燕居，子張、子貢、言游侍，縱言至于禮。子曰：『居！女三人者，吾語女禮，使女以禮周流，無不遍也。』

子貢越席而對曰：『敢問何如？』子曰：『敬而不中禮謂之野，恭而不中禮謂之給，勇而不中禮謂之逆。』子曰：『給奪慈仁。』

子曰：『師，爾過，而商也不及。子産猶衆人之母也，能食之，不能教也。』

子貢越席而對曰：『敢問將何以爲此中者也？』子曰：『禮乎禮！夫禮所以制中也。』子貢退，言游進曰：『敢問禮也者，領惡而全好者與？』子曰：『然。』『然則何如？』子曰：『郊社之義，所以仁鬼神也；嘗禘之禮，所以仁昭穆也；饋奠之禮，所以仁死喪也；射鄉之禮，所以仁鄉黨也；食饗之禮，所以仁賓客也。』子曰：『明乎郊社之義、嘗禘之禮，治國其如指諸掌而已乎！是故以之居處有禮，故長幼辨也；以之閨門之內有禮，故三族和也；以之朝廷有禮，故官爵序也；以之田獵有禮，故戎事閑也；以之軍旅有禮，故武功成也。是故宮室得其度，量鼎得其象，味得其時，樂得其節，車得其式，鬼神得其饗，喪紀得其哀，辨説得其黨，官得其體，政事得其施，加于身而錯于前，凡衆之動得其宜。』子曰：『禮者何也？即事之治也。君子有其事，必有其治。治國而無禮，譬猶瞽之無相與！倀倀乎其何之？譬如終夜有求于幽室之中，非燭何見？若無禮，則手足無所錯，耳目無所加，進退揖讓無所制。是故以之居處，長幼失其別，閨門三族失其和，朝廷官爵失其序，田獵戎事失





其策，軍旅武功失其制，宮室失其度，量鼎失其象，味失其時，樂失其節，車失其式，鬼神失其饗，喪紀失其哀，辯説失其黨，官失其體，政事失其施，加于身而錯于前，凡衆之動失其宜。如此，則無以祖洽于衆也。』

子曰：『慎聽之，女三人者！吾語女。禮猶有九焉，大饗有四焉。苟知此矣，雖在畎畝之中，事之，聖人已。兩君相見，揖讓而入門，入門而縣興，揖讓而升堂，升堂而樂闋，下管《象》、《武》、《夏》籥序興，陳其薦俎，序其禮樂，備其百官。如此而後，君子知仁焉。行中規，還中矩，和鸞中《采齊》，客出以《雍》，徹以《振羽》，是故君子無物而不在禮矣。入門而金作，示情也；升歌《清廟》，示德也；下而管《象》，示事也。是故古之君子，不必親相與言也，以禮樂相示而已。』子曰：『禮也者，理也；樂也者，節也。君子無理不動，無節不作。不能《詩》，于禮繆；不能樂，于禮素；薄于德，于禮虚。』子曰：『制度在禮，文爲在禮。行之其在人乎！』子貢越席而對曰：『敢問夔其窮與？』子曰：『古之人與？古之人也。達于禮而不達于樂，謂之素；達于樂而不達于禮，謂之偏。夫夔達于樂，而不達于禮，是以傳于此

名也，古之人也。』

子張問政。子曰：『師乎！前，吾語女乎！君子明于禮樂，舉而錯之而已。』

子張復問。子曰：『師，爾以爲必鋪几筵，升降，酌、獻、酬、酢，然後謂之禮乎？爾以爲必行綴兆，興羽籥，作鍾鼓，然後謂之樂乎？言而履之，禮也；行而樂之，樂也。君子力此二者，以南面而立，夫是以天下大平也。諸侯朝，萬物服體，而百官莫敢不承事矣。禮之所興，衆之所治也；禮之所廢，衆之所亂也。目巧之室，則有奧阼，席則有上下，車則有左右，行則有隨，立則有序，古之義也。室而無奧阼，則亂于堂室也。席而無上下，則亂于席上也。車而無左右，則亂于車也。行而無隨，則亂于塗也。立而無序，則亂于位也。昔聖帝、明王、諸侯，辨貴賤、長幼、遠近、男女、外內，莫敢相逾越，皆由此塗出也。』三子者既得聞此言也于夫子，昭然若發矇矣。



# 禮記卷第五十一

## 孔子閒居第二十九

孔子閒居，子夏侍。子夏曰：『敢問《詩》云「凱弟君子，民之父母」，何如斯可謂民之父母矣？』孔子曰：『夫民之父母乎，必達于禮樂之原，以致五至而行三無，以横于天下。「四方」有敗，必先知之，此之謂「民之父母」矣。』

子夏曰：『「民之父母」，既得而聞之矣，敢問何謂「五至」？』孔子曰：『志之所至，詩亦至焉；詩之所至，禮亦至焉；禮之所至，樂亦至焉；樂之所至，哀亦至焉。哀樂相生。是故正明目而視之，不可得而見也；傾耳而聽之，不可得而聞也。志氣塞乎天地，此之謂「五至」。』

子夏曰：『「五至」既得而聞之矣，敢問何謂「三無」？』孔子曰：『無聲之樂，無體之禮，無服之喪，此之謂「三無」。』子夏曰：『「三無」既得略而聞之矣，敢問何詩近之？』孔子曰：『「夙夜其命宥密」，無聲之樂也。「威儀逮逮，不可選也」，無體之禮也。「凡民有喪，匍匐救之」，無服之喪也。』

子夏曰：『言則大矣，美矣，盛矣！言盡于此而已乎？』孔子曰：『何爲其然也？君子之服之也，猶有五起焉。』子夏曰：『何如？』孔子曰：『無聲之樂，氣志不違；無體之禮，威儀遲遲；無服之喪，内恕孔悲。無聲之樂，氣志既得；無體之禮，威儀翼翼；無服之喪，施及四國。無聲之樂，氣志既從；無體之禮，上下和同；無服之喪，以畜萬邦。無聲之樂，日聞四方；無體之禮，日就月將；無服之喪，純德孔明。無聲之樂，氣志既起；無體之禮，施及四海；無服之喪，施于孫子。』

子夏曰：『三王之德，參于天地，敢問何如斯可謂「參于天地」矣？』孔子曰：『奉三無私，以勞天下。』子夏曰：『敢問何謂「三無私」？』孔子曰：『天無私覆，地無私載，日月無私照。奉斯三者，以勞天下，此之謂「三無私」。其在《詩》曰：「帝命不違，至于湯齊；湯降不遲，聖敬日齊。昭假遲遲，上帝是祗，帝命式于九圍。」是湯之德也。

『天有四時，春秋冬夏，風雨霜露，無非教也；地載神氣，神氣風霆，風霆流形，庶物露生，無非教也。



『清明在躬，氣志如神，嗜欲將至，有開必先。天降時雨，山川出雲。其在《詩》曰：「嵩高惟嶽，峻極于天。惟嶽降神，生甫及申。惟申及甫，惟周之翰。四國于蕃，四方于宣。」此文、武之德也。

『三代之王也，必先令聞。《詩》云「明明天子，令聞不已」，三代之德也；「弛其文德，協此四國」，大王之德也。』子夏蹶然而起，負墻而立曰：『弟子敢不承乎！』

## 坊記第三十

子言之：『君子之道，辟則坊與？坊民之所不足者也。大爲之坊，民猶逾之。故君子禮以坊德，刑以坊淫，命以坊欲。』

子云：『小人貧斯約，富斯驕；約斯盜，驕斯亂。禮者，因人之情而爲之節文，以爲民坊者也。故聖人之制富貴也，使民富不足以驕，貧不至于約，貴不慊于上，故亂益亡。』

子云：『貧而好樂，富而好禮，衆而以寧者，天下其幾矣。《詩》云：『民之貪亂，寧爲荼毒。』故制國不過千乘，都成不過百雉，家富不過百乘，以此坊民，諸侯猶有畔者。』

子云：『夫禮者，所以章疑別微，以爲民坊者也。故貴賤有等，衣服有別，朝廷有位，則民有所讓。』子云：『天無二日，土無二王，家無二主，尊無二上，示民有君臣之別也。《春秋》不稱楚、越之王喪。禮，君不稱天，大夫不稱君，恐民之惑也。《詩》云：「相彼盍旦，尚猶患之。」』子云：『君不與同姓同車，與異姓同車不同服，示民不嫌也。以此坊民，民猶得同姓以弒其君。』

子云：『君子辭貴不辭賤，辭富不辭貧，則亂益亡。故君子與其使食浮于人也，寧使人浮于食。』子云：『觴酒豆肉，讓而受惡，民猶犯齒；衽席之上，讓而坐下，民猶犯貴；朝廷之位，讓而就賤，民猶犯君。《詩》云：「民之無良，相怨一方；受爵不讓，至于已斯亡。」』子云：『君子貴人而賤己，先人而後己，則民作讓。故稱人之君曰君，自稱其君曰寡君。』子云：『利祿先死者而後生者，則民不偝；先亡者而後存者，則民可以託。《詩》云：「先君之思，以畜寡人。」以此坊民，民猶偝死而號無告。』

子云：『有國家者，貴人而賤祿，則民興讓；尚技而賤車，則民興藝。故君子約言，小人先言。』

子云：『上酌民言，則下天上施。上不酌民言則犯也，下不天上施則亂也。故君子信讓以莅百姓，則民之報禮重。《詩》云：「先民有言，詢于芻蕘。」』

子云：『善則稱人，過則稱己，則民不争；善則稱人，過則稱己，則怨益亡。《詩》云：「爾卜爾筮，履無咎言。」』子云：『善則稱人，過則稱己，則民讓善。《詩》云：「考卜惟王，度是鎬京；惟龜正之，武王成之。」』子云：『善則稱君，過則稱己，則民作忠。《君陳》曰：「爾有嘉謀嘉猷，入告爾君于內，女乃順之于外。」曰：「此謀此猷，惟我君之德。於乎是惟良顯哉！」』子云：『善則稱親，過則稱己，則民作孝。《大誓》曰：「予克紂，非予武，惟朕文考無罪；紂克予，非朕文考有罪，惟予小子無良。」』

子云：『君子弛其親之過，而敬其美。《論語》曰：「三年無改于父之道，可謂孝矣。」高宗云：「三年其惟不言，言乃歡。」』子云：『從命不忿，微諫不倦，勞而不怨，可謂孝矣。《詩》云「孝子不匱」。』子云：『睦于父母之黨，可謂孝矣。故君子因睦以合族。《詩》云：「此令兄弟，綽綽有裕；不令兄弟，交相爲愈。」』子云：『于父之執，可以乘其車，不可以衣其衣，君子以廣孝也。』子云：『小人皆能養其親，君子不敬，何以辨？』子云：『父子不同位，以厚敬也。《書》云：「厥辟不辟，忝厥祖。」』子云：『父母在不稱老，言孝不言慈，閨門之内，戲而不嘆。君子以此坊民，民猶薄于孝而厚于慈。』子云：『長民者，朝廷敬老，則民作孝。』子云：『祭祀之有尸也，宗廟之主也，示民有事也。脩宗廟，敬祀事，教民追孝也。以此坊民，民猶忘其親。』

子云：『敬則用祭器，故君子不以菲廢禮，不以美没禮。故食禮，主人親饋則客祭，主人不親饋則客不祭。故君子苟無禮，雖美不食焉。《易》曰：「東鄰殺牛，不如西鄰之禴祭，實受其福。」《詩》云：「既醉以酒，既飽以德。」以此示民，民猶争利而忘義。』





子云：『七日戒，三日齊，承一人焉以爲尸，過之者趨走，以教敬也。醴酒在室，醍酒在堂，澄酒在下，示民不淫也。尸飲三，衆賓飲一，示民有上下也。因其酒肉，聚其宗族，以教民睦也。故堂上觀乎室，堂下觀乎上。《詩》云：「禮儀卒度，笑語卒獲。」』

子云：『賓禮每進以讓，喪禮每加以遠。浴于中霤，飯于牖下，小斂于户内，大斂于阼，殯于客位，祖于庭，葬于墓，所以示遠也。殷人吊于壙，周人吊于家，示民不偝也。』子云：『死，民之卒事也，吾從周。』以此坊民，諸侯猶有薨而不葬者。』

子云：『升自客階，受吊于賓位，教民追孝也。未没喪，不稱君，示民不争也。故《魯春秋》記晋喪，曰「殺其君之子奚齊及其君卓」。以此坊民，子猶有弑其父者。』

子云：『孝以事君，弟以事長，示民不貳也。故君子有君不謀仕，唯卜之日稱二君。喪父三年，喪君三年，示民不疑也。父母在，不敢有其身，不敢私其財，示民有上下也。故天子四海之内無客禮，莫敢爲主焉。故君適其臣，升自阼階，即位于堂，示民不敢有其室也。父母在，饋獻不及車馬，示民不敢專也。以此坊民，民猶忘其親而貳其君。』

子云：『禮之先幣帛也，欲民之先事而後祿也。先財而後禮，則民利；無辭而行情，則民爭。故君子于有饋者弗能見，則不視其饋。《易》曰：「不耕獲，不菑畬，凶。」以此坊民，民猶貴祿而賤行。』

子云：『君子不盡利以遺民。《詩》云：「彼有遺秉，此有不斂穧，伊寡婦之利。」故君子仕則不稼，田則不漁，食時不力珍。大夫不坐羊，士不坐犬。《詩》云：「采葑采菲，無以下體。德音莫違，及爾同死。」以此坊民，民猶忘義而争利，以亡其身。』

子云：『夫禮，坊民所淫，章民之别，使民無嫌，以爲民紀者也。故男女無媒不交，無幣不相見，恐男女之無别也。以此坊民，民猶有自獻其身。《詩》云：「伐柯如之何？匪斧不克。取妻如之何？匪媒不得。蓺麻如之何？横從其畝。取妻如之何？必告父母。」』

子云：『取妻不取同姓，以厚别也。故買妾不知其姓，則卜之。以此坊民，《魯春秋》猶去夫人之姓，曰「吴」，其死，曰「孟子卒」。』

子云：『禮，非祭，男女不交爵。以此坊民，陽侯猶殺繆侯而竊其夫人，故大饗廢夫人之禮。』

子云：『寡婦之子，不有見焉，則弗友也，君子以辟遠也。故朋友之交，主人不在，不有大故，則不入其門。以此坊民，民猶以色厚于德。』子云：『好德如好色，諸侯不下漁色，故君子遠色，以爲民紀。故男女授受不親，御婦人則進左手，姑、姊妹、女子子已嫁而反，男子不與同席而坐。寡婦不夜哭。婦人疾，問之，不問其疾。以此坊民，民猶淫泆而亂于族。』

子云：『昏禮，婿親迎，見于舅姑，舅姑承子以授婿，恐事之違也。以此坊民，婦猶有不至者。』

# 禮記卷第五十二

## 中庸第三十一

天命之謂性，率性之謂道，脩道之謂教。道也者，不可須臾離也，可離非道也。是故君子戒慎乎其所不睹，恐懼乎其所不聞。莫見乎隱，莫顯乎微，故君子慎其獨也。喜怒哀樂之未發，謂之中；發而皆中節，謂之和。中也者，天下之大本也；和也者，天下之達道也。致中和，天地位焉，萬物育焉。

仲尼曰：『君子中庸，小人反中庸。君子之中庸也，君子而時中；小人之中庸也，小人而無忌憚也。』子曰：『中庸其至矣乎！民鮮能久矣！』子曰：『道之不行也，我知之矣。知者過之，愚者不及也。道之不明也，我知之矣。賢者過之，不肖者不及也。人莫不飲食也，鮮能知味也。』子曰：『道其不行矣夫。』

子曰：『舜其大知也與？舜好問而好察邇言，隱惡而揚善，執其兩端，用其中于民，其斯以爲舜乎！』

子曰：『人皆曰「予知」，驅而納諸罟擭陷阱之中，而莫之知辟也；人皆曰「予





知」，擇乎中庸，而不能期月守也。』

子曰：『回之爲人也，擇乎中庸，得一善，則拳拳服膺而弗失之矣。』子曰：『天下國家可均也，爵禄可辭也，白刃可蹈也，中庸不可能也。』

子路問强。子曰：『南方之强與？北方之强與？抑而强與？寬柔以教，不報無道，南方之强也，君子居之。衽金革，死而不厭，北方之强也，而强者居之。故君子和而不流，强哉矯；中立而不倚，强哉矯；國有道，不變塞焉，强哉矯；國無道，至死不變，强哉矯。』

子曰：『素隱行怪，後世有述焉，吾弗爲之矣。君子遵道而行，半塗而廢，吾弗能已矣。君子依乎中庸，遯世不見，知而不悔，唯聖者能之。君子之道，費而隱。夫婦之愚，可以與知焉；及其至也，雖聖人亦有所不知焉。夫婦之不肖，可以能行焉；及其至也，雖聖人亦有所不能焉。天地之大也，人猶有所憾，故君子語大，天下莫能載焉；語小，天下莫能破焉。《詩》云「鳶飛戾天，魚躍于淵」，言其上下察也。君子之道，造端乎夫婦，及其至也，察乎天地。』

子曰：『道不遠人。人之爲道而遠人，不可以爲道。《詩》云：「伐柯伐柯，其則不遠。」執柯以伐柯，睨而視之，猶以爲遠。故君子以人治人，改而止。忠恕違道不遠，施諸己而不願，亦勿施于人。君子之道四，丘未能一焉：所求乎子以事父，未能也；所求乎臣以事君，未能也；所求乎弟以事兄，未能也；所求乎朋友先施之，未能也。庸德之行，庸言之謹，有所不足，不敢不勉，有餘不敢盡，言顧行，行顧言。君子胡不慥慥爾。君子素其位而行，不願乎其外。素富貴行乎富貴，素貧賤行乎貧賤，素夷狄行乎夷狄，素患難行乎患難。君子無入而不自得焉。在上位不陵下，在下位不援上。正己而不求于人，則無怨。上不怨天，下不尤人。故君子居易以俟命，小人行險以徼幸。』

子曰：『射有似乎君子，失諸正鵠，反求諸其身。君子之道，辟如行遠必自邇，辟如登高必自卑。《詩》曰：「妻子好合，如鼓瑟琴；兄弟既翕，和樂且耽。宜爾室家，樂爾妻帑。」』子曰：『父母其順矣乎！』

子曰：『鬼神之爲德，其盛矣乎！視之而弗見，聽之而弗聞，體物而不可遺。使天下之人，齊明盛服，以承祭祀。洋洋乎如在其上，如在其左右。《詩》曰：「神之格思，不可度思，矧可射思！」夫微之顯，誠之不可揜，如此夫。』

子曰：『舜其大孝也與？德爲聖人，尊爲天子，富有四海之內，宗廟饗之，子孫保之。故大德必得其位，必得其禄，必得其名，必得其壽。故天之生物，必因其材而篤焉。故栽者培之，傾者覆之。《詩》曰：「嘉樂君子，憲憲令德！宜民宜人，受禄于天。保佑命之，自天申之！」故大德者必受命。』

子曰：『無憂者，其惟文王乎？以王季爲父，以武王爲子，父作之，子述之。武王纘大王、王季、文王之緒，壹戎衣而有天下，身不失天下之顯名，尊爲天子，富有四海之內，宗廟饗之，子孫保之。武王末受命，周公成文、武之德，追王大王、王季，上祀先公以天子之禮。斯禮也，達乎諸侯、大夫及士、庶人。父爲大夫，子爲士，葬以大夫，祭以士。父爲士，子爲大夫，葬以士，祭以大夫。期之喪，達乎大夫；三年之喪，達乎天子；父母之喪，無貴賤一也。』

子曰：『武王、周公，其達孝矣乎！夫孝者，善繼人之志，善述人之事者也。春秋脩其祖廟，陳其宗器，設其裳衣，薦其時食。宗廟之禮，所以序昭穆也。序爵，所以辨貴賤也；序事，所以辨賢也。旅酬下爲上，所以逮賤也。燕毛，所以序齒也。踐其位，行其禮，奏其樂，敬其所尊，愛其所親，事死如事生，事亡如事存，孝之至也。郊社之禮，所以事上帝也；宗廟之禮，所以祀乎其先也。明乎郊社之禮、禘嘗之義，治國其如示諸掌乎！』

哀公問政。子曰：『文武之政，布在方策，其人存，則其政舉；其人亡，則其政息。人道敏政，地道敏樹。夫政也者，蒲盧也。故爲政在人，取人以身，脩身以道，脩道以仁。仁者，人也，親親爲大；義者，宜也，尊賢爲大。親親之殺，尊賢之等，禮所生也。在下位不獲乎上，民不可得而治矣。故君子不可以不脩身；思脩身，不可以不事親；思事親，不可以不知人；思知人，不可以不知天。天下之達道五，所以行之者三，曰君臣也、父子也、夫婦也、昆弟也、朋友之交也。五者，天下之達道也。知、仁、勇三者，天下之達德也。所以行之者一也。或生而知之，或學而知之，或困而知之，及其知之一也；或安而行之，或利而行之，或勉强而行之，及其成功一也。』





子曰：『好學近乎知，力行近乎仁，知耻近乎勇。知斯三者，則知所以脩身；知所以脩身，則知所以治人；知所以治人，則知所以治天下國家矣。凡爲天下國家有九經，曰：脩身也，尊賢也，親親也，敬大臣也，體群臣也，子庶民也，來百工也，柔遠人也，懷諸侯也。脩身則道立，尊賢則不惑，親親則諸父昆弟不怨，敬大臣則不眩，體群臣則士之報禮重，子庶民則百姓勸，來百工則財用足，柔遠人則四方歸之，懷諸侯則天下畏之。』

齊明盛服，非禮不動，所以脩身也；去讒遠色，賤貨而貴德，所以勸賢也；尊其位，重其禄，同其好惡，所以勸親親也；官盛任使，所以勸大臣也；忠信重禄，所以勸士也；時使薄斂，所以勸百姓也；日省月試，既廩稱事，所以勸百工也；送往迎來，嘉善而矜不能，所以柔遠人也；繼絶世，舉廢國，治亂持危，朝聘以時，厚往而薄來，所以懷諸侯也。

凡爲天下國家有九經，所以行之者一也。凡事豫則立，不豫則廢。言前定則不跲，事前定則不困，行前定則不疚，道前定則不窮。

## 中庸第三十一

在下位不獲乎上，民不可得而治矣。獲乎上有道，不信乎朋友，不獲乎上矣；信乎朋友有道，不順乎親，不信乎朋友矣；順乎親有道，反諸身不誠，不順乎親矣；誠身有道，不明乎善，不誠乎身矣。

誠者，天之道也；誠之者，人之道也。誠者不勉而中，不思而得，從容中道，聖人也；誠之者，擇善而固執之者也。

博學之，審問之，慎思之，明辨之，篤行之。有弗學，學之弗能，弗措也；有弗問，問之弗知，弗措也；有弗思，思之弗得，弗措也；有弗辨，辨之弗明，弗措也；有弗行，行之弗篤，弗措也。人一能之，己百之；人十能之，己千之。果能此道矣，雖愚必明，雖柔必强。

自誠明，謂之性；自明誠，謂之教。誠則明矣，明則誠矣。

唯天下至誠，爲能盡其性；能盡其性，則能盡人之性；能盡人之性，則能盡物之性；能盡物之性，則可以贊天地之化育；可以贊天地之化育，則可以與天地參矣。

其次致曲。曲能有誠，誠則形，形則著，著則明，明則動，動則變，變則化。唯天下至誠爲能化。

至誠之道，可以前知。國家將興，必有禎祥；國家將亡，必有妖孽。見乎蓍龜，動乎四體，禍福將至，善必先知之，不善必先知之，故至誠如神。

誠者自成也，而道自道也。誠者物之終始，不誠無物。是故君子誠之爲貴。誠者非自成己而已也，所以成物也。成己，仁也；成物，知也。性之德也，合外内之道也。故時措之宜也。故至誠無息，不息則久，久則徵，徵則悠遠，悠遠則博厚，博厚則高明。博厚所以載物也，高明所以覆物也，悠久所以成物也。博厚配地，高明配天，悠久無疆。如此者，不見而章，不動而變，無爲而成。天地之道，可壹言而盡也。其爲物不貳，則其生物不測。天地之道，博也，厚也，高也，明也，悠也，久也。

今夫天，斯昭昭之多，及其無窮也，日月星辰繫焉，萬物覆焉。今夫地，一撮土之多，及其廣厚，載華嶽而不重，振河海而不泄，萬物載焉。今夫山，一卷石之多，及其廣大，草木生之，禽獸居之，寶藏興焉。今夫水，一勺之多，及其不測，黿鼉、鮫龍、魚鱉生焉，貨財殖焉。《詩》曰『惟天之命，於穆不已』，蓋曰天之所以爲天也；『於乎不顯，文王之德之純』，蓋曰文王之所以爲文也，純亦不已。

大哉聖人之道，洋洋乎發育萬物，峻極于天。優優大哉，禮儀三百，威儀三千，待其人然後行。故曰：『苟不至德，至道不凝焉。』

故君子尊德性而道問學，致廣大而盡精微，極高明而道中庸，温故而知新，敦厚以崇禮。

是故居上不驕，爲下不倍。國有道，其言足以興；國無道，其默足以容。《詩》曰『既明且哲，以保其身』，其此之謂與？

子曰：『愚而好自用，賤而好自專，生乎今之世，反古之道。如此者，災及其身者也。非天子不議禮，不制度，不考文。今天下車同軌，書同文，行同倫。雖有其位，苟無其德，不敢作禮樂焉；雖有其德，苟無其位，亦不敢作禮樂焉。』

子曰：『吾説夏禮，杞不足徵也；吾學殷禮，有宋存焉；吾學周禮，今用之，



吾從周。』王天下有三重焉，其寡過矣乎！上焉者，雖善無徵，無徵不信，不信，民弗從；下焉者，雖善不尊，不尊不信，不信，民弗從。故君子之道，本諸身，徵諸庶民，考諸三王而不繆，建諸天地而不悖，質諸鬼神而無疑，百世以俟聖人而不惑。「質諸鬼神而無疑」，知天也；「百世以俟聖人而不惑」，知人也。是故君子動而世爲天下道，行而世爲天下法，言而世爲天下則。遠之則有望，近之則不厭。《詩》曰：「在彼無惡，在此無射，庶幾夙夜，以永終譽。」君子未有不如此，而蚤有譽于天下者也。』

仲尼祖述堯舜，憲章文武，上律天時，下襲水土。辟如天地之無不持載，無不覆幬；辟如四時之錯行，如日月之代明。萬物並育而不相害，道並行而不相悖，小德川流，大德敦化，此天地之所以爲大也。唯天下至聖爲能。聰明睿知，足以有臨也；寬裕温柔，足以有容也；發强剛毅，足以有執也；齊莊中正，足以有敬也；文理密察，足以有别也。溥博淵泉，而時出之。『溥博』如天，『淵泉』如淵，見而民莫不敬，言而民莫不信，行而民莫不説。是以聲名洋溢乎中國，施

及蠻貊，舟車所至，人力所通，天之所覆，地之所載，日月所照，霜露所隊，凡有血氣者，莫不尊親，故曰『配天』。唯天下至誠，爲能經綸天下之大經，立天下之大本，知天地之化育。夫焉有所倚，肫肫其仁，淵淵其淵，浩浩其天。苟不固聰明聖知達天德者，其孰能知之？《詩》曰『衣錦尚絅』，惡其文之著也。故君子之道，闇然而日章；小人之道，的然而日亡。君子之道，淡而不厭，簡而文，溫而理，知遠之近，知風之自，知微之顯，可與入德矣。《詩》云『潛雖伏矣，亦孔之昭』，故君子内省不疚，無惡于志。君子所不可及者，其唯人之所不見乎？《詩》云『相在爾室，尚不愧于屋漏』，故君子不動而敬，不言而信。《詩》曰『奏假無言，時靡有争』，是故君子不賞而民勸，不怒而民威于鈇鉞。《詩》曰『不顯惟德，百辟其刑之』，是故君子篤恭而天下平。《詩》曰『予懷明德，不大聲以色』。

子曰：『聲色之于以化民，末也。《詩》曰「德輶如毛」，毛猶有倫。「上天之載，無聲無臭。」至矣。』



# 禮記卷第五十四

## 表記第三十二

子言之：『歸乎，君子隱而顯，不矜而莊，不厲而威，不言而信。』

子曰：『君子不失足于人，不失色于人，不失口于人。是故君子貌足畏也，色足憚也，言足信也。《甫刑》曰：「敬忌，而罔有擇言在躬。」』

子曰：『裼襲之不相因也，欲民之毋相瀆也。』子曰：『祭極敬，不繼之以樂；朝極辨，不繼之以倦。』

子曰：『君子慎以辟禍，篤以不揜，恭以遠耻。』

子曰：『君子莊敬日强，安肆日偷。君子不以一日使其躬儳焉，如不終日。』

子曰：『齊戒以事鬼神，擇日月以見君，恐民之不敬也。』子曰：『狎侮，死焉而不畏也。』

子曰：『無辭不相接也，無禮不相見也，欲民之毋相褻也。《易》曰：「初筮告，再三瀆，瀆則不告。」』

子言之：『仁者，天下之表也；義者，天下之制也；報者，天下之利也。』子曰：『以德報德，則民有所勸；以怨報怨，則民有所懲。《詩》曰：「無言不讎，無德不報。」《太甲》曰：「民非后，無能胥以寧；后非民，無以辟四方。」』子曰：『以德報怨，則寬身之仁也；以怨報德，則刑戮之民也。』子曰：『無欲而好仁者，無畏而惡不仁者，天下一人而已矣。是故君子議道自己，而置法以民。』子曰：『仁有三，與仁同功而異情。與仁同功，其仁未可知也；與仁同過，然後其仁可知也。仁者安仁，知者利仁，畏罪者强仁。仁者右也，道者左也；仁者人也，道者義也。厚于仁者薄于義，親而不尊；厚于義者薄于仁，尊而不親。道有至，義有考，至道以王，義道以霸，考道以爲無失。』

子言之：『仁有數，義有長短小大。中心憯怛，愛人之仁也；率法而强之，資仁者也。《詩》云：「豐水有芑，武王豈不仕。詒厥孫謀，以燕翼子，武王烝哉。」數世之仁也。《國風》曰：「我今不閱，皇恤我後。」終身之仁也。』

子曰：『仁之爲器重，其爲道遠，舉者莫能勝也，行者莫能致也。取數多者，仁也。夫勉于仁者，不亦難乎？是故君子以義度人，則難爲人；以人望人，則賢者可知已矣。』子曰：『中心安仁者，天下一人而已矣。《大雅》曰：「德輶如毛，民鮮克舉之。我儀圖之，惟仲山甫舉之，愛莫助之。」《小雅》曰：「高山仰止，景行行止。」』子曰：『《詩》之好仁如此。鄉道而行，中道而廢，忘身之老也，不知年數之不足也。俛焉日有孳孳，斃而后已。』子曰：『仁之難成久矣！人人失其所好。故仁者之過，易辭也。』子曰：『恭近禮，儉近仁，信近情，敬讓以行。此雖有過，其不甚矣。夫恭寡過，情可信，儉易容也。以此失之者，不亦鮮乎？《詩》云：「温温恭人，惟德之基。」』子曰：『仁之難成久矣，惟君子能之。是故君子不以其所能者病人，不以人之所不能者愧人。是故聖人之制行也，不制以己，使民有所勸勉愧耻，以行其言。禮以節之，信以結之，容貌以文之，衣服以移之，朋友以極之，欲民之有壹也。《小雅》曰：「不愧于人，不畏于天。」是故君子服其服，則文以君子之容；有其容，則文以君子之辭；遂其辭，則實以君子之德。是故君子耻服其服而無其容，耻有其容而無其辭，耻有其辭而無其德，耻有其德而無其行。是故君子衰絰則有哀色，端冕則有敬色，甲胄則有不可辱之色。《詩》云：「惟鵜在梁，不濡其翼；彼記之子，不稱其服。」』

子言之：『君子之所謂義者，貴賤皆有事于天下，天子親耕，粢盛秬鬯以事上帝，故諸侯勤以輔事于天子。』子曰：『下之事上也，雖有庇民之大德，不敢有君民之心，仁之厚也。是故君子恭儉以求役仁，信讓以求役禮，不自尚其事，不自尊其身，儉于位而寡于欲，讓于賢，卑己而尊人，小心而畏義，求以事君。得之自是，不得自是，以聽天命。《詩》云：「莫莫葛藟，施于條枚；凱弟君子，求福不回。」其舜、禹、文王、周公之謂與？有君民之大德，有事君之小心。《詩》云：「惟此文王，小心翼翼。昭事上帝，聿懷多福。厥德不回，以受方國。」』子曰：『先王諡以尊名，節以壹惠，耻名之浮于行也。是故君子不自大其事，不自尚其功，以求處情；過行弗率，以求處厚；彰人之善而美人之功，以求下賢。是故君子雖自卑而民敬尊之。』

子曰：『后稷，天下之爲烈也，豈一手一足哉。唯欲行之，浮于名也，故自謂便人。』

子言之：『君子之所謂仁者，其難乎？《詩》云：「凱弟君子，民之父母。」



凱以强教之，弟以説安之。樂而毋荒，有禮而親，威莊而安，孝慈而敬，使民有父之尊，有母之親。如此而后可以爲民父母矣。非至德其孰能如此乎？

『今父之親子也，親賢而下無能；母之親子也，賢則親之，無能則憐之。母親而不尊，父尊而不親。水之于民也，親而不尊；火尊而不親。土之于民也，親而不尊；天尊而不親。命之于民也，親而不尊；鬼尊而不親。』

子曰：『夏道尊命，事鬼敬神而遠之，近人而忠焉。先禄而後威，先賞而後罰，親而不尊。其民之敝，惷而愚，喬而野，樸而不文。

『殷人尊神，率民以事神，先鬼而後禮，先罰而後賞，尊而不親。其民之敝，蕩而不静，勝而無耻。

『周人尊禮尚施，事鬼敬神而遠之，近人而忠焉。其賞罰用爵列，親而不尊。其民之敝，利而巧，文而不慚，賊而蔽。』

子曰：『夏道未瀆辭，不求備、不大望于民，民未厭其親；殷人未瀆禮，而求備于民；周人强民，未瀆神，而賞爵刑罰窮矣。』

子曰：『虞、夏之道，寡怨于民；殷、周之道，不勝其敝。』子曰：『虞、夏之質，殷、周之文，至矣。虞、夏之文，不勝其質；殷、周之質，不勝其文。』子言之曰：『後世雖有作者，虞帝弗可及也已矣。君天下，生無私，死不厚其子，子民如父母，有憯怛之愛，有忠利之教，親而尊，安而敬，威而愛，富而有禮，惠而能散。其君子尊仁畏義，耻費輕實，忠而不犯，義而順，文而静，寬而有辨。《甫刑》曰：「德威惟威，德明惟明。」非虞帝，其孰能如此乎？』

子言之：『事君先資其言，拜自獻其身，以成其信。是故君有責于其臣，臣有死于其言，故其受禄不誣，其受罪益寡。』

子曰：『事君，大言入則望大利，小言入則望小利。故君子不以小言受大禄，不以大言受小禄。《易》曰「不家食吉」。』

子曰：『事君不下達，不尚辭，非其人弗自。《小雅》曰：「靖共爾位，正直是與；神之聽之，式穀以女。」』

子曰：『事君遠而諫，則讇也；近而不諫，則尸利也。』子曰：『邇臣守和，宰正百官，大臣慮四方。』子曰：『事君欲諫不欲陳。《詩》云：「心乎愛矣，瑕不謂矣。中心藏之，何日忘之？」』

子曰：『事君難進而易退，則位有序；易進而難退，則亂也。故君子三揖而進，一辭而退，以遠亂也。』子曰：『事君三違而不出竟，則利禄也；人雖曰「不要」，吾弗信也。』子曰：『事君慎始而敬終。』子曰：『事君可貴可賤，可富可貧，可生可殺，而不可使爲亂。』

子曰：『事君，軍旅不辟難，朝廷不辭賤。處其位而不履其事，則亂也。故君使其臣，得志則慎慮而從之；否，則孰慮而從之。終事而退，臣之厚也。《易》曰：「不事王侯，高尚其事。」』

子曰：『唯天子受命于天，士受命于君。故君命順，則臣有順命；君命逆，則臣有逆命。《詩》曰：「鵲之姜姜，鶉之賁賁；人之無良，我以爲君。」』

子曰：『君子不以辭盡人。故天下有道，則行有枝葉；天下無道，則辭有枝葉。是故君子于有喪者之側，不能賻焉，則不問其所費；于有病者之側，不能饋焉，則不問其所欲，有客不能館，則不問其所舍。故君子之接如水，小人之接如醴；君子淡以成，小人甘以壞。《小雅》曰：「盜言孔甘，亂是用餤。」』

子曰：『君子不以口譽人，則民作忠。故君子問人之寒則衣之，問人之飢則食之，稱人之美則爵之。《國風》曰：「心之憂矣，于我歸說。」』

子曰：『口惠而實不至，怨災及其身。是故君子與其有諾責也，寧有已怨。《國風》曰：「言笑晏晏，信誓旦旦。不思其反，反是不思，亦已焉哉。」』

子曰：『君子不以色親人。情疏而貌親，在小人則穿窬之盜也與？』子曰：『情欲信，辭欲巧。』

子言之：『昔三代明王，皆事天地之神明，無非卜筮之用，不敢以其私褻事上帝。是故不犯日月，不違卜筮。卜筮不相襲也。大事有時日；小事無時日，有筮。外事用剛日，內事用柔日。不違龜筮。』子曰：『牲牷禮樂齊盛，是以無害乎鬼神，無怨乎百姓。』

子曰：『后稷之祀易富也。其辭恭，其欲儉，其祿及子孫。《詩》曰：「后稷兆祀，




庶無罪悔，以迄于今。」』

子曰：『大人之器威敬。天子無筮，諸侯有守筮。天子道以筮。諸侯非其國不以筮，卜宅寢室。天子不卜處大廟。』子曰：『君子敬則用祭器。是以不廢日月，不違龜筮，以敬事其君長。是以上不瀆于民，下不褻于上。』

# 禮記卷第五十五

## 緇衣第三十三

子言之曰：『爲上易事也，爲下易知也，則刑不煩矣。』

子曰：『好賢如《緇衣》，惡惡如《巷伯》，則爵不瀆而民作愿，刑不試而民咸服。《大雅》曰：「儀刑文王，萬國作孚。」』

子曰：『夫民教之以德，齊之以禮，則民有格心；教之以政，齊之以刑，則民有遯心。故君民者，子以愛之，則民親之；信以結之，則民不倍；恭以莅之，則民有孫心。《甫刑》曰：「苗民匪用命，制以刑，惟作五虐之刑，曰法。」是以民有惡德，而遂絶其世也。』

子曰：『下之事上也，不從其所令，從其所行。上好是物，下必有甚者矣。故上之所好惡，不可不慎也，是民之表也。』子曰：『禹立三年，百姓以仁遂焉，豈必盡仁？《詩》云：「赫赫師尹，民具爾瞻。」《甫刑》曰：「一人有慶，兆民賴之。」《大雅》曰：「成王之孚，下土之式。」』



子曰：『上好仁，則下之爲仁爭先人。故長民者章志、貞教、尊仁，以子愛百姓，民致行己以説其上矣。《詩》云：「有梏德行，四國順之。」』

子曰：『王言如絲，其出如綸；王言如綸，其出如綍。故大人不倡游言。可言也不可行，君子弗言也；可行也不可言，君子弗行也。則民言不危行，而行不危言矣。《詩》云：「淑慎爾止，不諐于儀。」』

子曰：『君子道人以言，而禁人以行。故言必慮其所終，而行必稽其所敝，則民謹于言而慎于行。《詩》云：「慎爾出話，敬爾威儀。」《大雅》曰：「穆穆文王，於緝熙敬止。」』

子曰：『長民者，衣服不貳，從容有常，以齊其民，則民德壹。《詩》云：「彼都人士，狐裘黄黄。其容不改，出言有章。行歸于周，萬民所望。」』

子曰：『爲上可望而知也，爲下可述而志也，則君不疑于其臣，而臣不惑于其君矣。尹吉曰：「惟尹躬及湯，咸有壹德。」《詩》云：「淑人君子，其儀不忒。」』

子曰：『有國者章義癉惡，以示民厚，則民情不貳。《詩》云：「靖共爾位，好是正直。』」

子曰：「上人疑則百姓惑，下難知則君長勞。故君民者，章好以示民俗，慎惡以御民之淫，則民不惑矣。臣儀行，不重辭，不援其所不及，不煩其所不知，則君不勞矣。《詩》云：『上帝板板，下民卒癉。』小雅曰：『匪其止共，惟王之邛。』」

子曰：「政之不行也，教之不成也，爵禄不足勸也，刑罰不足耻也。故上不可以褻刑而輕爵。《康誥》曰『敬明乃罰』。《甫刑》曰『播刑之不迪』。」

子曰：「大臣不親，百姓不寧，則忠敬不足，而富貴已過也；大臣不治，而邇臣比矣。故大臣不可不敬也，是民之表也；邇臣不可不慎也，是民之道也。君毋以小謀大，毋以遠言近，毋以内圖外，則大臣不怨，邇臣不疾，而遠臣不蔽矣。葉公之《顧命》曰：『毋以小謀敗大作，毋以嬖御人疾莊后，毋以嬖御士疾莊士、大夫、卿士。』」

子曰：「大人不親其所賢，而信其所賤；民是以親失，而教是以煩。《詩》云：『彼求我則，如不我得；執我仇仇，亦不我力。』《君陳》曰：『未見聖，若己弗克見；既見聖，亦不克由聖。』」





子曰：「小人溺于水，君子溺于口，大人溺于民，皆在其所褻也。夫水近于人而溺人，德易狎而難親也，易以溺人；口費而煩，易出難悔，易以溺人。夫民閉于人而有鄙心，可敬不可慢，易以溺人。故君子不可以不慎也。《太甲》曰：『毋越厥命，以自覆也。』『若虞機張，往省括于厥度則釋。』《兑命》曰：『惟口起羞，惟甲冑起兵，惟衣裳在笥，惟干戈省厥躬。』《太甲》曰：『天作孽，可違也；自作孽，不可以逭。』尹吉曰：『惟尹躬天，見于西邑夏，自周有終，相亦惟終。』」

子曰：「民以君爲心，君以民爲體；心莊則體舒，心肅則容敬。心好之，身必安之；君好之，民必欲之。心以體全，亦以體傷；君以民存，亦以民亡。《詩》云：『昔吾有先正，其言明且清，國家以寧，都邑以成，庶民以生。誰能秉國成？不自爲正，卒勞百姓。』《君雅》曰：『夏日暑雨，小民惟曰怨；資冬祁寒，小民亦惟曰怨。』」

子曰：『下之事上也，身不正，言不信，則義不壹，行無類也。』子曰：『言有物而行有格也。是以生則不可奪志，死則不可奪名。故君子多聞，質而守之；多志，質而親之；精知，略而行之。《君陳》曰：『出入自爾，師虞庶言同。』《詩》云：『淑人君子，其儀一也。』」

子曰：「唯君子能好其正，小人毒其正。故君子之朋友有鄉，其惡有方。是故邇者不惑，而遠者不疑也。《詩》云『君子好仇』。」

子曰：「輕絶貧賤，而重絶富貴，則好賢不堅，而惡惡不著也。人雖曰『不利』，吾不信也。《詩》云：『朋有攸攝，攝以威儀。』」

子曰：「私惠不歸德，君子不自留焉。《詩》云：『人之好我，示我周行。』」

子曰：「苟有車，必見其軾；苟有衣，必見其敝。人苟或言之，必聞其聲；苟或行之，必見其成。《葛覃》曰『服之無射』。」

子曰：「言從而行之，則言不可飾也；行從而言之，則行不可飾也。故君子寡言而行，以成其信，則民不得大其美而小其惡。《詩》云：『白圭之玷，尚可磨也；斯言之玷，不可爲也。』《小雅》曰：『允也君子，展也大成。』《君奭》曰：『昔在上帝，周田觀文王之德，其集大命于厥躬。』」

子曰：「南人有言曰：『人而無恒，不可以爲卜筮。』古之遺言與？龜筮猶不能知也，而况于人乎？《詩》云：『我龜既厭，不我告猶。』《兑命》曰『爵無及惡德』。民立而正事，純而祭祀，是爲不敬。事煩則亂，事神則難。《易》曰：『不恒其德，或承之羞。』『恒其德偵。婦人吉，夫子凶。』」

# 禮記卷第五十六

## 奔喪第三十四

奔喪之禮：始聞親喪，以哭答使者，盡哀；問故，又哭盡哀。遂行，日行百里，不以夜行。唯父母之喪，見星而行，見星而舍。若未得行，則成服而後行。過國至竟，哭，盡哀而止。哭辟市朝。望其國竟哭。

至于家，入門左，升自西階，殯東，西面坐，哭盡哀，括髮袒，降，堂東即位，西鄉哭，成踊，襲絰于序東，絞帶，反位，拜賓，成踊，送賓，反位。有賓後至者，則拜之、成踊，送賓皆如初。衆主人兄弟皆出門，出門哭止，闔門，相者告就次。于又哭，括髮袒，成踊。于三哭，猶括髮袒，成踊。三日成服，拜賓、送賓皆如初。

奔喪者非主人，則主人爲之拜賓送賓。奔喪者自齊衰以下，入門左，中庭北面，哭盡哀，免麻于序東，即位袒，與主人哭，成踊。于又哭、三哭皆免袒。有賓則主人拜賓、送賓。丈夫、婦人之待之也，皆如朝夕哭位，無變也。

奔母之喪，西面哭盡哀，括髮袒，降，堂東即位，西鄉哭，成踊，襲、免、絰于序東，拜賓、送賓，皆如奔父之禮。于又哭，不括髮。

婦人奔喪，升自東階，殯東，西面坐，哭盡哀，東髽，即位，與主人拾踊。



奔喪者不及殯，先之墓，北面坐，哭盡哀。主人之待之也，即位于墓左，婦人墓右，成踊，盡哀，括髮，東即主人位。絰絞帶，哭，成踊，拜賓，反位，成踊。相者告事畢。遂冠，歸入門左，北面，哭盡哀，括髮袒，成踊，東即位。拜賓，成踊。賓出，主人拜送。有賓後至者，則拜之，成踊，送賓如初。衆主人、兄弟皆出門，出門哭止。相者告就次。于又哭，括髮，成踊。于三哭，猶括髮，成踊。三日成服，于五哭，相者告事畢。爲母所以異于父者，壹括髮，其餘免以終事。他如奔父之禮。

齊衰以下，不及殯，先之墓。西面哭，盡哀，免麻于東方，即位，與主人哭，成踊，襲。有賓，則主人拜賓、送賓。賓有後至者，拜之如初，相者告事畢。遂冠，歸入門左，北面，哭盡哀，免袒，成踊，東即位，拜賓，成踊。賓出，主人拜送。于又哭，免袒，成踊。于三哭，猶免袒、成踊。三日成服，于五哭，相者告事畢。

聞喪不得奔喪，哭盡哀。問故，又哭盡哀。乃爲位，括髮袒，成踊，襲、絰、絞帶，即位。拜賓，反位，成踴。賓出，主人拜送于門外，反位。若有賓後至者，拜之、成踴、送賓如初。于又哭，括髮袒，成踴。于三哭，猶括髮袒，成踴。三日成服，于五哭，拜賓、送賓如初。

若除喪而後歸，則之墓，哭，成踴，東括髮袒，絰，拜賓，成踴，送賓，反位，又哭盡哀，遂除，于家不哭。主人之待之也，無變于服，與之哭，不踴。

自齊衰以下，所以異者免麻。

凡爲位，非親喪，齊衰以下皆即位。哭盡哀，而東免、絰，即位，袒、成踴。襲，拜賓，反位，哭，成踴，送賓，反位。相者告就次。三日五哭，卒，主人出送賓，衆主人、兄弟皆出門，哭止，相者告事畢。成服，拜賓。若所爲位，家遠，則成服而往。

齊衰望鄉而哭，大功望門而哭，小功至門而哭，緦麻即位而哭。

哭父之黨于廟，母、妻之黨于寢，師于廟門外，朋友于寢門外，所識于野張帷。凡爲位不奠。哭天子九，諸侯七，卿大夫五，士三。大夫哭諸侯，不敢拜賓。諸臣在他國，爲位而哭，不敢拜賓。與諸侯爲兄弟，亦爲位而哭。凡爲位者壹袒。

所識者吊，先哭于家而後之墓，皆爲之成踴，從主人北面而踴。



凡喪，父在，父爲主；父没，兄弟同居，各主其喪；親同，長者主之；不同，親者主之。

聞遠兄弟之喪，既除喪而後聞喪，免袒，成踴，拜賓則尚左手。

無服而爲位者，唯嫂叔，及婦人降而無服者麻。

凡奔喪，有大夫至，袒，拜之，成踴，而後襲。于士，襲而後拜之。

## 問喪第三十五

親始死，鷄斯，徒跣，扱上衽，交手哭。惻怛之心，痛疾之意，傷腎、乾肝、焦肺，水漿不入口，三日不舉火，故鄰里爲之糜粥以飲食之。夫悲哀在中，故形變于外也；痛疾在心，故口不甘味，身不安美也。三日而斂，在床曰尸，在棺曰柩。動尸舉柩，哭踴無數。惻怛之心，痛疾之意，悲哀志懣氣盛，故袒而踴之，所以動體、安心、下氣也。婦人不宜袒，故發胸、擊心、爵踴，殷殷田田，如壞墻然，悲哀痛疾之至也。故曰『辟踴哭泣，哀以送之，送形而往，迎精而反』也。其往送也，望望然，汲汲然，如有追而弗及也；其反哭也，皇皇然，若有求而弗得也。故其往送也如慕，其反也如疑。求而無所得之也，入門而弗見也，上堂又弗見也，入室又弗見也。亡矣喪矣，不可復見已矣！故哭泣辟踴，盡哀而止矣。心悵焉愴焉，惚焉愾焉，心絕志悲而已矣。祭之宗廟，以鬼饗之，徼幸復反也。成壙而歸，不敢入處室，居于倚廬，哀親之在外也。寢苫枕塊，哀親之在土也。故哭泣無時，服勤三年，思慕之心，孝子之志也，人情之實也。或問曰：『死三日而後斂者，何也？』曰：『孝子親死，悲哀志懣，故匍匐而哭之，若將復生然，安可得奪而斂之也？故曰：三日而後斂者，以俟其生也。三日而不生，亦不生矣。孝子之心，亦益衰矣；家室之計，衣服之具，亦可以成矣；親戚之遠者，亦可以至矣。是故聖人爲之斷決，以三日爲之禮制也。』或問曰：『冠者不肉袒，何也？』曰：『冠至尊也，不居肉袒之體也，故爲之免以代之也。然則禿者不免，傴者不袒，跛者不踴，非不悲也；身有錮疾，不可以備禮也，故曰「喪禮唯哀爲主」矣。女子哭泣悲哀，擊胸傷心；男子哭泣悲哀，稽顙觸地無容，哀之至也。』或問曰：『免者以何爲也？』曰：『不冠者之所服也。《禮》曰：「童子不緦，



唯當室緦。」緦者其免也，當室則免而杖矣。』或問曰：『杖者何也？』曰：『竹、桐一也。故爲父苴杖，苴杖，竹也；爲母削杖，削杖，桐也。』或問曰：『杖者以何爲也？』曰：『孝子喪親，哭泣無數，服勤三年，身病體羸，以杖扶病也。則父在不敢杖矣，尊者在故也；堂上不杖，辟尊者之處也；堂上不趨，示不遽也。此孝子之志也，人情之實也，禮義之經也。非從天降也，非從地出也，人情而已矣。』

# 禮記卷第五十七

## 服問第三十六

傳曰「有從輕而重」，公子之妻爲其皇姑；「有從重而輕」，爲妻之父母；「有從無服而有服」，公子之妻爲公子之外兄弟；「有從有服而無服」，公子爲其妻之父母。傳曰：「母出，則爲繼母之黨服；母死，則爲其母之黨服。」爲其母之黨服，則不爲繼母之黨服。三年之喪既練矣，有期之喪既葬矣，則帶其故葛帶，絰期之絰，服其功衰。有大功之喪，亦如之。小功無變也。麻之有本者，變三年之葛。既練，遇麻斷本者，于免絰之。既免去絰，每可以絰必絰，既絰則去之。小功不易喪之練冠，如免，則絰其緦、小功之絰，因其初葛帶。緦之麻，不變小功之葛；小功之麻，不變大功之葛，以有本爲稅。殤長、中，變三年之葛，終殤之月筭，而反三年之葛。是非重麻，爲其無卒哭之稅。下殤則否。君爲天子三年，夫人如外宗之爲君也。世子不爲天子服。君所主：夫人妻、大子、適婦。大夫之適子爲君、夫人、大子，如士服。君之母非夫人，則群臣無服，唯近臣及僕、驂乘從服，唯君所服服也。公爲卿大夫錫衰以居，出亦如之，當事則弁絰。大夫相爲亦然。爲其妻，往則服之，出則否。凡見人無免絰，雖朝于君，無免絰，唯公門有稅齊衰。傳曰：「君子不奪人之喪，亦不可奪喪也。」傳曰：「罪多而刑五，喪多而服五，上附下附，列也。」



## 間傳第三十七

斬衰何以服苴？苴，惡貌也，所以首其內而見諸外也。斬衰貌若苴，齊衰貌若枲，大功貌若止，小功、緦麻容貌可也。此哀之發于容體者也。斬衰之哭，若往而不反；齊衰之哭，若往而反；大功之哭，三曲而偯；小功、緦麻，哀容可也。此哀之發于聲音者也。斬衰唯而不對，齊衰對而不言，大功言而不議，小功、緦麻議而不及樂。此哀之發于言語者也。斬衰三日不食，齊衰二日不食，大功三不食，小功、緦麻再不食，士與斂焉，則壹不食。故父母之喪，既殯食粥，朝一溢米，莫一溢米；齊衰之喪，疏食水飲，不食菜果；大功之喪，不食醯醬；小功、緦麻，不飲醴酒。此哀之發于飲食者也。父母之喪，既虞、卒哭，疏食水飲，不食菜果；期而小祥，食菜果；又期而大祥，有醯醬；中月而禫，禫而飲醴酒。始飲酒者，先飲醴酒；始食肉者，先食乾肉。父母之喪，居倚廬，寢苫枕塊，不説絰帶；齊衰之喪，居堊室，苄翦不納；大功之喪，寢有席；小功、緦麻，床可也。此哀之發于居處者也。父母之喪，既虞、卒哭，柱楣翦屏，苄翦不納；期而小祥，居堊室，寢有席；又期而大祥，居復寢；中月而禫，禫而床。斬衰三升，齊衰四升、五升、六升，大功七升、八升、九升，小功十升、十一升、十二升。緦麻十五升，去其半，有事其縷，無事其布曰緦。此哀之發于衣服者也。斬衰三升，既虞、卒哭，受以成布六升、冠七升；爲母疏衰四升，受以成布七升、冠八升。去麻服葛，葛帶三重。期而小祥，練冠縓緣，要絰不除，男子除乎首，婦人除乎帶。男子何爲除乎首也？婦人何爲除乎帶也？男子重首，婦人重帶。除服者先重者，易服者易輕者。又期而大祥，素縞麻衣。中月而禫，禫而纖，無所不佩。易服者何爲易輕者也？斬衰之喪，既虞、卒哭，遭齊衰之喪。輕者包，重者特。既練，遭大功之喪，麻葛重。

齊衰之喪，既虞、卒哭，遭大功之喪，麻、葛兼服之。

斬衰之葛，與齊衰之麻同；齊衰之葛，與大功之麻同；大功之葛，與小功之麻同；小功之葛，與緦之麻同。麻同則兼服之。兼服之服重者，則易輕者也。

# 禮記

# 禮記卷第五十八

## 三年問第三十八

三年之喪，何也？曰：稱情而立文，因以飾群，别親疏、貴賤之節，而弗可損益也，故曰『無易之道也』。創巨者其日久，痛甚者其愈遲。三年者，稱情而立文，所以爲至痛極也。斬衰苴杖，居倚廬，食粥，寢苫枕塊，所以爲至痛飾也。三年之喪，二十五月而畢，哀痛未盡，思慕未忘，然而服以是斷之者，豈不送死有已、復生有節也哉！

凡生天地之間者，有血氣之屬必有知，有知之屬莫不知愛其類。今是大鳥獸，則失喪其群匹，越月逾時焉，則必反巡，過其故鄉，翔回焉，鳴號焉，躑躅焉，踟躕焉，然後乃能去之。小者至于燕雀，猶有啁噍之頃焉，然後乃能去之。故有血氣之屬者，莫知于人，故人于其親也，至死不窮。

將由夫患邪淫之人與？則彼朝死而夕忘之，然而從之，則是曾鳥獸之不若也。夫焉能相與群居而不亂乎？




將由夫脩飾之君子與？則三年之喪，二十五月而畢，若駟之過隙，然而遂之，則是無窮也。

故先王焉爲之立中制節，壹使足以成文理，則釋之矣。

然則何以至期也？曰：至親以期斷。是何也？曰：天地則已易矣，四時則已變矣，其在天地之中者，莫不更始焉，以是象之也。

然則何以三年也？曰：加隆焉爾也。焉使倍之，故再期也。

由九月以下，何也？曰：焉使弗及也。故三年以爲隆，緦、小功以爲殺，期、九月以爲間。上取象于天，下取法于地，中取則于人，人之所以群居和壹之理盡矣。故三年之喪，人道之至文者也。夫是之謂至隆。是百王之所同，古今之所壹也。未有知其所由來者也。孔子曰：『子生三年，然後免于父母之懷。』夫三年之喪，天下之達喪也。

## 深衣第三十九

古者深衣，蓋有制度，以應規矩繩權衡。短毋見膚，長毋被土。續衽鈎邊，要縫半下。袼之高下，可以運肘；袂之長短，反詘之及肘。帶，下毋厭髀，上毋厭脅，當無骨者。制十有二幅，以應十有二月。袂圜以應規，曲袷如矩以應方，負繩及踝以應直，下齊如權衡以應平。故規者，行舉手以爲容；負繩抱方者，以直其政，方其義也。故《易》曰：『《坤》六二之動，直以方也。』下齊如權衡者，以安志而平心也。五法已施，故聖人服之。故規矩取其無私，繩取其直，權衡取其平，故先王貴之。故可以爲文，可以爲武，可以擯相，可以治軍旅。完且弗費，善衣之次也。具父母、大父母，衣純以繢；具父母，衣純以青；如孤子，衣純以素。純袂、緣、純邊，廣各寸半。

## 投壺第四十

投壺之禮，主人奉矢，司射奉中，使人執壺。主人請曰：『某有枉矢哨壺，請以樂賓。』賓曰：『子有旨酒嘉肴，某既賜矣，又重以樂，敢辭。』主人曰：『枉矢哨壺，不足辭也，敢以請。』賓曰：『某既賜矣，又重以樂，敢固辭。』主人曰：『枉矢哨壺，不足辭也，敢固以請。』賓曰：『某固辭不得命，敢不敬從？』





賓再拜受，主人般還，曰：『辟。』主人阼階上拜送，賓盤還，曰：『辟。』

已拜，受矢，進即兩楹間，退反位，揖賓就筵。

司射進度壺，間以二矢半。反位，設中，東面，執八筭興。

請賓，曰：『順投爲入，比投不釋，勝飲不勝者。正爵既行，請爲勝者立馬，一馬從二馬。三馬既立，請慶多馬。』請主人亦如之。

命弦者曰：『請奏《貍首》，間若一。』大師曰：『諾。』

左右告矢具，請拾投。有入者，則司射坐而釋一筭焉。賓黨于右，主黨于左。

卒投，司射執筭曰：『左右卒投，請數。』二筭爲純，一純以取，一筭爲奇。遂以奇筭告，曰『某賢于某若干純』。奇則曰奇，均則曰左右鈞。

命酌曰『請行觴』，酌者曰『諾』。當飲者皆跪，奉觴曰『賜灌』，勝者跪曰『敬養』。

正爵既行，請立馬。馬各直其筭。一馬從二馬，以慶。慶禮曰：『三馬既備，請慶多馬。』賓主皆曰：『諾。』正爵既行，請徹馬。

筭多少視其坐。籌，室中五扶，堂上七扶，庭中九扶。筭長尺二寸。壺頸脩七寸，腹脩五寸，口徑二寸半，容斗五升。壺中實小豆焉，爲其矢之躍而出也。壺去席二矢半。矢，以柘若棘，毋去其皮。

魯令弟子辭曰：『毋幠，毋敖，毋偝立，毋踰言。偝立、踰言有常爵。』薛令弟子辭曰：『毋幠，毋敖，毋偝立，毋踰言。若是者浮。』

鼓：○□○○□□○□○○□。半，○□○□○○○□□○□○。魯鼓，○□○○○□□○□○○□□○□○○□□○□○○□□○。半，○□○○○□□○。薛鼓，取半以下爲投壺禮，盡用之爲射禮。司射、庭長及冠士立者，皆屬賓黨；樂人及使者、童子，皆屬主黨。魯鼓：○□○○□□○○。半，○□○○□○○○○□○□○。薛鼓：○□○○○○□○□○□○○○□○○○□○□○○□○。半，○□○□○○○○□○。



# 禮記

## 禮記卷第五十九

### 儒行第四十一

魯哀公問于孔子曰：『夫子之服，其儒服與？』孔子對曰：『丘少居魯，衣逢掖之衣；長居宋，冠章甫之冠。丘聞之也，君子之學也博，其服也鄉。丘不知儒服。』哀公曰：『敢問儒行？』孔子對曰：『遽數之不能終其物，悉數之乃留。更僕，未可終也。』哀公命席，孔子侍，曰：『儒有席上之珍以待聘，夙夜强學以待問，懷忠信以待舉，力行以待取。其自立有如此者。儒有衣冠中，動作慎。其大讓如慢，小讓如僞；大則如威，小則如愧。其難進而易退也，粥粥若無能也。其容貌有如此者。儒有居處齊難，其坐起恭敬；言必先信，行必中正；道塗不争險易之利，冬夏不争陰陽之和。愛其死以有待也，養其身以有爲也。其備豫有如此者。儒有不寶金玉，而忠信以爲寶；不祈土地，立義以爲土地；不祈多積，多文以爲富。難得而易禄也，易禄而難畜也。非時不見，不亦「難得」乎？非義不合，不亦「難畜」乎？先勞而後禄，不亦「易禄」乎？其近人有如此者。儒有委之以貨財，淹之以樂好，見利不虧其義；劫之以衆，沮之以兵，見死不更其守；鷙蟲攫搏，不程勇者，引重鼎不程其力；往者不悔，來者不豫；過言不再，流言不極；不斷其威，不習其謀。其特立有如此者。』

『儒有可親而不可劫也，可近而不可迫也，可殺而不可辱也。其居處不淫，其飲食不溽，其過失可微辨而不可面數也。其剛毅有如此者。

『儒有忠信以爲甲冑，禮義以爲干櫓；戴仁而行，抱義而處；雖有暴政，不更其所。其自立有如此者。

『儒有一畝之宫，環堵之室，篳門圭窬，蓬户甕牖；易衣而出，并日而食，上答之不敢以疑，上不答不敢以諂。其仕有如此者。

『儒有今人與居，古人與稽；今世行之，後世以爲楷；適弗逢世，上弗援，下弗推。讒諂之民，有比黨而危之者，身可危也，而志不可奪也。雖危，起居竟信其志，猶將不忘百姓之病也。其憂思有如此者。

『儒有博學而不窮，篤行而不倦；幽居而不淫，上通而不困；禮之以和爲貴，





忠信之美，優游之法；舉賢而容衆，毁方而瓦合。其寬裕有如此者。

『儒有内稱不辟親，外舉不辟怨；程功積事，推賢而進達之，不望其報；君得其志，苟利國家，不求富貴。其舉賢援能有如此者。

『儒有聞善以相告也，見善以相示也；爵位相先也，患難相死也；久相待也，遠相致也。其任舉有如此者。

『儒有澡身而浴德，陳言而伏，静而正之，上弗知也；粗而翹之，又不急爲也；不臨深而爲高，不加少而爲多；世治不輕，世亂不沮；同弗與，異弗非也。其特立獨行有如此者。

『儒有上不臣天子，下不事諸侯；慎静而尚寬，强毅以與人；博學以知服，近文章，砥厲廉隅；雖分國如錙銖，不臣不仕。其規爲有如此者。

『儒有合志同方，營道同術；並立則樂，相下不厭；久不相見，聞流言不信。其行本方立義，同而進，不同而退。其交友有如此者。

『温良者，仁之本也；敬慎者，仁之地也；寬裕者，仁之作也；孫接者，仁

之能也；禮節者，仁之貌也；言談者，仁之文也；歌樂者，仁之和也；分散者，仁之施也。儒皆兼此而有之，猶且不敢言仁也。其尊讓有如此者。

『儒有不隕穫于貧賤，不充詘于富貴，不慁君王，不累長上，不閔有司，故曰「儒」。今衆人之命儒也妄常，以儒相詬病。』孔子至舍，哀公館之，聞此言也，言加信，行加義，『終没吾世，不敢以儒爲戲』。



# 禮記卷第六十

## 大學第四十二

大學之道，在明明德，在親民，在止于至善。知止而後有定，定而後能靜，靜而後能安，安而後能慮，慮而後能得。物有本末，事有終始，知所先後，則近道矣。古之欲明明德于天下者，先治其國；欲治其國者，先齊其家；欲齊其家者，先脩其身；欲脩其身者，先正其心；欲正其心者，先誠其意；欲誠其意者，先致其知。致知在格物。物格而後知至，知至而後意誠，意誠而後心正，心正而後身脩，身脩而後家齊，家齊而後國治，國治而後天下平。自天子以至于庶人，壹是皆以脩身爲本，其本亂而末治者否矣。其所厚者薄，而其所薄者厚，未之有也。此謂知本，此謂知之至也。所謂誠其意者，毋自欺也，如惡惡臭，如好好色，此之謂自謙，故君子必慎其獨也。小人閒居爲不善，無所不至，見君子而後厭然，揜其不善，而著其善。人之視己，如見其肺肝，然則何益矣？此謂誠于中，形于外，故君子必慎其獨也。曾子曰：『十目所視，十手所指，其嚴乎？』富潤屋，德潤身，心廣體胖，故君子必誠其意。《詩》

云：『瞻彼淇澳，菉竹猗猗。有斐君子，如切如磋，如琢如磨。瑟兮僩兮，赫兮喧兮。有斐君子，終不可諠兮。』『如切如磋』者，道學也；『如琢如磨』者，自脩也；『瑟兮僩兮』者，恂慄也；『赫兮喧兮』者，威儀也；『有斐君子，終不可諠兮』者，道盛德至善，民之不能忘也。《詩》云：『於戲，前王不忘。』君子賢其賢而親其親，小人樂其樂而利其利，此以没世不忘也。《康誥》曰『克明德』，《大甲》曰『顧諟天之明命』，《帝典》曰『克明峻德』，皆自明也。湯之《盤銘》曰『苟日新，日日新，又日新』，《康誥》曰『作新民』，《詩》曰『周雖舊邦，其命惟新』。是故君子無所不用其極。《詩》云：『邦畿千里，惟民所止。』《詩》云：『緡蠻黄鳥，止于丘隅。』子曰：『于止，知其所止，可以人而不如鳥乎？』《詩》云：『穆穆文王，於緝熙敬止。』爲人君止于仁，爲人臣止于敬，爲人子止于孝，爲人父止于慈，與國人交止于信。

子曰：『聽訟，吾猶人也。必也使無訟乎！』無情者不得盡其辭，大畏民志。此謂知本。所謂脩身在正其心者，身有所忿懥，則不得其正；有所恐懼，則不得其正；有所好樂，則不得其正；有所憂患，則不得其正。心不在焉，視而不見，聽而





不聞，食而不知其味。此謂脩身在正其心。所謂齊其家在脩其身者，人之其所親愛而辟焉，之其所賤惡而辟焉，之其所畏敬而辟焉，之其所哀矜而辟焉，之其所敖惰而辟焉。故好而知其惡，惡而知其美者，天下鮮矣。故諺有之曰：『人莫知其子之惡，莫知其苗之碩。』此謂身不脩，不可以齊其家。所謂治國必先齊其家者，其家不可教，而能教人者無之，故君子不出家而成教于國。孝者，所以事君也；弟者，所以事長也；慈者，所以使衆也。《康誥》曰『如保赤子』，心誠求之，雖不中不遠矣。未有學養子而後嫁者也。一家仁，一國興仁；一家讓，一國興讓；一人貪戾，一國作亂。其機如此。此謂一言僨事，一人定國。堯、舜率天下以仁，而民從之；桀、紂率天下以暴，而民從之。其所令反其所好，而民不從。是故君子有諸己而後求諸人，無諸己而後非諸人。所藏乎身不恕，而能喻諸人者，未之有也。故治國在齊其家。《詩》云：『桃之夭夭，其葉蓁蓁；之子于歸，宜其家人。』『宜其家人』，而後可以教國人。《詩》云：『宜兄宜弟。』『宜兄宜弟』，而後可以教國人。《詩》云：『其儀不忒，正是四國。』其爲父子、兄弟足法，而後民法之也。此謂治國在齊其家。所

謂平天下在治其國者，上老老而民興孝，上長長而民興弟，上恤孤而民不倍，是以君子有絜矩之道也。所惡于上，毋以使下；所惡于下，毋以事上；所惡于前，毋以先後；所惡于後，毋以從前；所惡于右，毋以交于左；所惡于左，毋以交于右。此之謂『絜矩之道』。《詩》云：『樂只君子，民之父母。』民之所好好之，民之所惡惡之，此之謂『民之父母』。《詩》云：『節彼南山，維石巖巖。赫赫師尹，民具爾瞻。』有國者不可以不慎，辟則爲天下僇矣。《詩》云：『殷之未喪師，克配上帝。儀監于殷，峻命不易。』道得衆則得國，失衆則失國。是故君子先慎乎德。有德此有人，有人此有土，有土此有財，有財此有用。德者本也，財者末也。外本內末，爭民施奪。是故財聚則民散，財散則民聚。是故言悖而出者，亦悖而入；貨悖而入者，亦悖而出。《康誥》曰：『惟命不于常。』道善則得之，不善則失之矣。《楚書》曰：『楚國無以爲寶，惟善以爲寶。』舅犯曰：『亡人無以爲寶，仁親以爲寶。』《秦誓》曰：『若有一介臣，斷斷兮無他技，其心休休焉，其如有容焉。人之有技，若己有之。人之彥聖，其心好之，不啻若自其口出，實能容之，以能保我子孫黎民，尚亦有利哉！人之有技，媢嫉以惡之；人之彥聖，而違之，俾不通，實不能容，以不能保我子孫黎民，亦曰殆哉！』唯仁人放流之，迸諸四夷，不與同中國。此謂唯仁人，爲能愛人，能惡人。見賢而不能舉，舉而不能先，命也；見不善而不能退，退而不能遠，過也。好人之所惡，惡人之所好，是謂拂人之性，灾必逮夫身。是故君子有大道，必忠信以得之，驕泰以失之。生財有大道，生之者衆，食之者寡，爲之者疾，用之者舒，則財恒足矣。仁者以財發身，不仁者以身發財。未有上好仁，而下不好義者也；未有好義，其事不終者也；未有府庫財，非其財者也。孟獻子曰：『畜馬乘，不察于鷄豚；伐冰之家，不畜牛羊；百乘之家，不畜聚斂之臣。與其有聚斂之臣，寧有盗臣。』此謂國不以利爲利，以義爲利也。長國家而務財用者，必自小人矣。彼爲善之，小人之使爲國家，灾害並至，雖有善者，亦無如之何矣！此謂國不以利爲利，以義爲利也。

# 禮記卷第六十一

## 冠義第四十三

凡人之所以爲人者，禮義也。禮義之始，在于正容體、齊顔色、順辭令。容體正，顔色齊，辭令順，而後禮義備。以正君臣，親父子，和長幼。君臣正，父子親，長幼和，而後禮義立。故冠而後服備，服備而後容體正，顔色齊，辭令順。故曰『冠者，禮之始也』。是故古者聖王重冠。古者冠禮，筮日、筮賓，所以敬冠事。敬冠事所以重禮，重禮所以爲國本也。故冠于阼，以著代也；醮于客位，三加彌尊，加有成也；已冠而字之，成人之道也。見于母，母拜之；見于兄弟，兄弟拜之；成人而與爲禮也。玄冠、玄端，奠摯于君，遂以摯見于鄉大夫、鄉先生，以成人見也。成人之者，將責成人禮焉也。責成人禮焉者，將責爲人子、爲人弟、爲人臣、爲人少者之禮行焉。將責四者之行于人，其禮可不重與？故孝弟忠順之行立，而後可以爲人；可以爲人，而後可以治人也。故聖王重禮。故曰『冠者，禮之始也，嘉事之重者也』。是故古者重冠。重冠，故行之于廟；行之于廟者，所以尊重事；尊重事，而不敢擅重事；不敢擅重事，所以自卑而尊先祖也。

## 昏義第四十四

昏禮者，將合二姓之好，上以事宗廟，而下以繼後世也，故君子重之。是以昏禮納采、問名、納吉、納徵、請期，皆主人筵几于廟，而拜迎于門外，入揖讓而升，聽命于廟，所以敬慎重正昏禮也。

父親醮子而命之迎，男先于女也。子承命以迎，主人筵几于廟，而拜迎于門外。婿執雁入，揖讓升堂，再拜奠雁，蓋親受之于父母也。降出，御婦車，而婿授綏，御輪三周，先俟于門外。婦至，婿揖婦以入，共牢而食，合巹而酳，所以合體同尊，卑以親之也。

敬慎重正，而後親之，禮之大體，而所以成男女之别，而立夫婦之義也。男女有别，而後夫婦有義；夫婦有義，而後父子有親；父子有親，而後君臣有正。故曰『昏禮者，禮之本也』。

夫禮始于冠，本于昏，重于喪祭，尊于朝聘，和于射鄉。此禮之大體也。

夙興，婦沐浴以俟見。質明，贊見婦于舅姑，婦執笲，棗、栗、段脩以見。贊醴婦，婦祭脯醢，祭醴，成婦禮也。舅姑入室，婦以特豚饋，明婦順也。厥明，舅姑共饗婦，以一獻之禮奠酬，舅姑先降自西階，婦降自阼階，以著代也。

成婦禮，明婦順，又申之以著代，所以重責婦順焉也。婦順者，順于舅姑，和于室人；而後當于夫，以成絲麻、布帛之事，以審守委積蓋藏。是故婦順備，而後內和理；內和理，而後家可長久也。故聖王重之。

是以古者婦人先嫁三月，祖廟未毀，教于公宮。祖廟既毀，教于宗室。教以婦德、婦言、婦容、婦功；教成，祭之，牲用魚，芼之以蘋藻，所以成婦順也。

古者天子后立六宮、三夫人、九嬪、二十七世婦、八十一御妻，以聽天下之內治，以明章婦順，故天下內和而家理。天子立六官、三公、九卿、二十七大夫、八十一元士，以聽天下之外治，以明章天下之男教，故外和而國治。故曰：『天子聽男教，后聽女順；天子理陽道，后治陰德；天子聽外治，后聽內職。教順成俗，外內和順，國家理治，此之謂盛德。』

# 禮記

禮記卷第六十一



是故男教不脩，陽事不得，適見于天，日爲之食；婦順不脩，陰事不得，適見于天，月爲之食。是故日食則天子素服而脩六官之職，蕩天下之陽事；月食則后素服而脩六宮之職，蕩天下之陰事。故天子與后，猶日之與月，陰之與陽，相須而後成者也。天子脩男教，父道也；后脩女順，母道也。故曰：『天子之與后，猶父之與母也。』故爲天王服斬衰，服父之義也；爲后服資衰，服母之義也。

## 鄉飲酒義第四十五

鄉飲酒之義，主人拜迎賓于庠門之外，入三揖而后至階，三讓而後升，所以致尊讓也。盥洗揚觶，所以致絜也。拜至，拜洗，拜受，拜送，拜既，所以致敬也。尊讓、絜、敬也者，君子之所以相接也。君子尊讓則不爭，絜、敬則不慢。不慢不爭，則遠于鬥、辨矣；不鬥、辨，則無暴亂之禍矣。斯君子之所以免于人禍也。故聖人制之以道。

鄉人、士、君子，尊于房中之間，賓主共之也。尊有玄酒，貴其質也。羞出自東房，主人共之也。洗當東榮，主人之所以自絜，而以事賓也。

賓主，象天地也；介僎，象陰陽也；三賓，象三光也；讓之三也，象月之三日而成魄也；四面之坐，象四時也。天地嚴凝之氣，始于西南，而盛于西北，此天地之尊嚴氣也，此天地之義氣也。天地温厚之氣，始于東北，而盛于東南，此天地之盛德氣也，此天地之仁氣也。主人者尊賓，故坐賓于西北，而坐介于西南，以輔賓。賓者，接人以義者也，故坐于西北；主人者，接人以德厚者也，故坐于東南。而坐僎于東北，以輔主人也。仁義接，賓主有事，俎豆有數，曰聖。聖立而將之以敬，曰禮；禮以體長幼，曰德。德也者，得于身也。故曰：『古之學術道者，將以得身也。是故聖人務焉。』

祭薦，祭酒，敬禮也。嚌肺，嘗禮也。啐酒，成禮也，于席末。言是席之正，非專爲飲食也，爲行禮也，此所以貴禮而賤財也。卒觶，致實于西階上，言是席之上，非專爲飲食也。此先禮而後財之義也。先禮而後財，則民作敬讓而不爭矣。

鄉飲酒之禮，六十者坐，五十者立侍，以聽政役，所以明尊長也。六十者三豆，七十者四豆，八十者五豆，九十者六豆，所以明養老也。民知尊長養老，而後乃能入孝弟。民入孝弟，出尊長養老，而後成教，成教而後國可安也。君子之所謂孝者，非家至而日見之也，合諸鄉射，教之鄉飲酒之禮，而孝弟之行立矣。

孔子曰：『吾觀于鄉，而知王道之易易也。』

主人親速賓及介，而衆賓自從之，至于門外。主人拜賓及介，而衆賓自入，貴賤之義別矣。

三揖至于階，三讓以賓升，拜至，獻酬辭讓之節繁；及介，省矣。至于衆賓，升受、坐祭、立飲，不酢而降，隆殺之義辨矣。

工入，升歌三終，主人獻之；笙入三終，主人獻之；間歌三終，合樂三終，工告樂備，遂出。一人揚觶，乃立司正焉。知其能和樂而不流也。

賓酬主人，主人酬介，介酬衆賓，少長以齒，終于沃洗者焉。知其能弟長而無遺矣。

降，説屨升坐，脩爵無數。飲酒之節，朝不廢朝，莫不廢夕。賓出，主人拜送，節文終遂焉。知其能安燕而不亂也。

貴賤明，隆殺辨，和樂而不流，弟長而無遺，安燕而不亂。此五行者，足以正身安國矣。彼國安而天下安，故曰：『吾觀于鄉，而知王道之易易也。』

鄉飲酒之義，立賓以象天，立主以象地，設介僎以象日月，立三賓以象三光。古之制禮也，經之以天地，紀之以日月，參之以三光，政教之本也。

亨狗于東方，祖陽氣之發于東方也。洗之在阼，其水在洗東，祖天地之左海也。尊有玄酒，教民不忘本也。

賓必南鄉。東方者春，春之爲言蠢也，産萬物者聖也。南方者夏，夏之爲言假也，養之、長之、假之，仁也。西方者秋，秋之爲言愁也，愁之以時察，守義者也。北方者冬，冬之爲言中也，中者藏也。是以天子之立也，左聖鄉仁，右義偝藏也。介必東鄉，介賓、主也。主人必居東方。東方者春，春之爲言蠢也，産萬物者也。主人者造之，産萬物者也。月者三日則成魄，三月則成時。是以禮有三讓，建國必立三卿。三賓者，政教之本，禮之大參也。





# 禮記卷第六十二

## 射義第四十六

古者諸侯之射也，必先行燕禮；卿、大夫、士之射也，必先行鄉飲酒之禮。故燕禮者，所以明君臣之義也；鄉飲酒之禮者，所以明長幼之序也。

故射者，進退周還必中禮。內志正，外體直，然後持弓矢審固。持弓矢審固，然後可以言『中』。此可以觀德行矣。

其節，天子以《騶虞》爲節，諸侯以《貍首》爲節，卿大夫以《采蘋》爲節，士以《采繁》爲節。《騶虞》者，樂官備也；《貍首》者，樂會時也；《采蘋》者，樂循法也；《采繁》者，樂不失職也。是故天子以備官爲節，諸侯以時會天子爲節，卿大夫以循法爲節，士以不失職爲節。故明乎其節之志，以不失其事，則功成而德行立。德行立，則無暴亂之禍矣，功成則國安。故曰：『射者，所以觀盛德也。』

是故古者天子以射選諸侯、卿、大夫、士。射者，男子之事也，因而飾之以禮樂也。故事之盡禮樂，而可數爲，以立德行者，莫若射，故聖王務焉。

是故古者天子之制，諸侯歲獻，貢士于天子，天子試之于射宮。其容體比于禮，其節比于樂，而中多者，得與于祭。其容體不比于禮，其節不比于樂，而中少者，不得與于祭。數與于祭而君有慶，數不與于祭而君有讓。數有慶而益地，數有讓而削地。故曰：『射者，射爲諸侯也。』是以諸侯君臣盡志于射，以習禮樂。夫君臣習禮樂而以流亡者，未之有也。

故《詩》曰：『曾孫侯氏，四正具舉。大夫君子，凡以庶士，小大莫處，御于君所。以燕以射，則燕則譽。』言君臣相與盡志于射，以習禮樂，則安則譽也。是以天子制之，而諸侯務焉。此天子之所以養諸侯而兵不用，諸侯自爲正之具也。

孔子射于矍相之圃，蓋觀者如堵墻。射至于司馬，使子路執弓矢出延射，曰：『賁軍之將，亡國之大夫，與爲人後者，不入，其餘皆入。』蓋去者半，入者半。又使公罔之裘、序點揚觶而語。公罔裘揚觶而語曰：『幼壯孝弟，耆耋好禮，不從流俗，脩身以俟死，者不？在此位也。』蓋去者半，處者半。序點又揚觶而語曰：『好學不倦，好禮不變，旄期稱道不亂，者不？在此位也。』蓋勴有存者。





射之爲言者，繹也，或曰舍也。繹者，各繹己之志也。故心平體正，持弓矢審固；持弓矢審固，則射中矣。故曰：『爲人父者，以爲父鵠；爲人子者，以爲子鵠；爲人君者，以爲君鵠；爲人臣者，以爲臣鵠。』故射者，各射己之鵠。故天子之大射，謂之射侯；射侯者，射爲諸侯也。射中則得爲諸侯，射不中則不得爲諸侯。

天子將祭，必先習射于澤。澤者，所以擇士也。已射于澤，而後射于射宮。射中者得與于祭，不中者不得與于祭。不得與于祭者，有讓削以地；得與于祭者，有慶益以地，進爵、絀地是也。

故男子生，桑弧蓬矢六，以射天地四方。天地四方者，男子之所有事也。故必先有志于其所有事，然後敢用穀也，飯食之謂也。

射者，仁之道也。射求正諸己，己正而後發，發而不中，則不怨勝己者，反求諸己而已矣。孔子曰：『君子無所爭，必也射乎！揖讓而升，下而飲，其爭也君子。』

孔子曰：『射者何以射？何以聽？循聲而發，發而不失正鵠者，其唯賢者乎！若夫不肖之人，則彼將安能以中？』《詩》云：『發彼有的，以祈爾爵。』祈，求也，求中以辭爵也。酒者，所以養老也，所以養病也。『求中以辭爵』者，辭養也。

## 燕義第四十七

古者周天子之官，有庶子官。庶子官職諸侯、卿、大夫、士之庶子之卒，掌其戒令，與其教治，別其等，正其位。國有大事，則率國子而致于大子，唯所用之。若有甲兵之事，則授之以車甲，合其卒伍，置其有司，以軍法治之，司馬弗正。凡國之政事，國子存游卒，使之脩德學道，春合諸學，秋合諸射，以考其藝而進退之。

諸侯燕禮之義，君立阼階之東南，南鄉，爾卿，大夫皆少進，定位也；君席阼階之上，居主位也；君獨升立席上，西面特立，莫敢適之義也。

設賓主，飲酒之禮也。使宰夫爲獻主，臣莫敢與君亢禮也。不以公卿爲賓，而以大夫爲賓，爲疑也，明嫌之義也。賓入中庭，君降一等而揖之，禮之也。

君舉旅于賓，及君所賜爵，皆降，再拜稽首，升成拜，明臣禮也。君答拜之，禮無不答，明君上之禮也。臣下竭力盡能以立功于國，君必報之以爵禄，故臣下皆務竭力盡能以立功，是以國安而君寧。禮無不答，言上之不虛取于下也。上必明正道以道民，民道之而有功，然後取其什一，故上用足而下不匱也。是以上下和親而不相怨也。和寧，禮之用也。此君臣上下之大義也。故曰：『燕禮者，所以明君臣之義也。』

席：小卿次上卿，大夫次小卿，士、庶子以次就位于下。獻君，君舉旅行酬，而後獻卿；卿舉旅行酬，而後獻大夫；大夫舉旅行酬，而後獻士；士舉旅行酬，而後獻庶子。俎豆、牲體、薦羞，皆有等差，所以明貴賤也。

# 禮記卷第六十三

## 聘義第四十八

聘禮：上公七介，侯伯五介，子男三介，所以明貴賤也。

介紹而傳命，君子于其所尊弗敢質，敬之至也。

三讓而後傳命，三讓而後入廟門，三揖而後至階，三讓而後升，所以致尊讓也。

君使士迎于竟，大夫郊勞，君親拜迎于大門之內而廟受，北面拜貺，拜君命之辱，所以致敬也。

敬讓也者，君子之所以相接也。故諸侯相接以敬讓，則不相侵陵。

卿爲上擯，大夫爲承擯，士爲紹擯。君親禮賓，賓私面私覿，致饔餼，還圭璋，賄贈，饗、食、燕，所以明賓客君臣之義也。

故天子制諸侯，比年小聘，三年大聘，相厲以禮。使者聘而誤，主君弗親饗食也，所以愧厲之也。諸侯相厲以禮，則外不相侵，內不相陵。此天子之所以養諸侯，兵不用，而諸侯自爲正之具也。



以圭璋聘，重禮也；已聘而還圭璋，此輕財而重禮之義也。諸侯相厲以輕財重禮，則民作讓矣。

主國待客，出入三積，餼客于舍。五牢之具陳于內，米三十車，禾三十車，芻薪倍禾，皆陳于外。乘禽日五雙，群介皆有餼牢，壹食，再饗，燕與時賜無數，所以厚重禮也。

古之用財者，不能均如此，然而用財如此其厚者，言盡之于禮也。盡之于禮，則內君臣不相陵，而外不相侵。故天子制之，而諸侯務焉爾。

聘、射之禮，至大禮也。質明而始行事，日幾中而後禮成，非强有力者，弗能行也。故强有力者，將以行禮也；酒清，人渴而不敢飲也；肉乾，人飢而不敢食也；日莫人倦，齊莊、正齊，而不敢解惰，以成禮節，以正君臣，以親父子，以和長幼。此衆人之所難，而君子行之，故謂之有行。有行之謂有義，有義之謂勇敢。故所貴于勇敢者，貴其能以立義也；所貴于立義者，貴其有行也；所貴于有行者，貴其行禮也。故所貴于勇敢者，貴其敢行禮義也。故勇敢强有力者，天下無事，則用之于禮義；天下有事，則用之于戰勝。用之于戰勝則無敵，用之于禮義則順治。外無敵，内順治，此之謂盛德。故聖王之貴勇敢、强有力如此也。勇敢、强有力而不用之于禮義、戰勝，而用之于爭鬥，則謂之亂人。刑罰行于國，所誅者亂人也。如此，則民順治而國安也。

子貢問于孔子曰：『敢問君子貴玉而賤碈者，何也？爲玉之寡而碈之多與？』孔子曰：『非爲碈之多故賤之也，玉之寡故貴之也。夫昔者，君子比德于玉焉：温潤而澤，仁也；縝密以栗，知也；廉而不劌，義也；垂之如隊，禮也；叩之，其聲清越以長，其終詘然，樂也；瑕不揜瑜，瑜不揜瑕，忠也；孚尹旁達，信也；氣如白虹，天也；精神見于山川，地也；圭璋特達，德也；天下莫不貴者，道也。《詩》云：「言念君子，温其如玉。」故君子貴之也。』

## 喪服四制第四十九

凡禮之大體，體天地，法四時，則陰陽，順人情，故謂之禮。訾之者，是不知禮之所由生也。

夫禮，吉凶異道，不得相干，取之陰陽也。喪有四制，變而從宜，取之四時也。有恩有理，有節有權，取之人情也。恩者仁也，理者義也，節者禮也，權者知也。仁、義、禮、知，人道具矣。

其恩厚者其服重，故爲父斬衰三年，以恩制者也。

門内之治，恩揜義；門外之治，義斷恩。資于事父以事君，而敬同，貴貴尊尊，義之大者也。故爲君亦斬衰三年，以義制者也。

三日而食，三月而沐，期而練，毁不滅性，不以死傷生也。喪不過三年，苴衰不補，墳墓不培。祥之日，鼓素琴，告民有終也，以節制者也。資于事父以事母，而愛同。天無二日，土無二王，國無二君，家無二尊，以一治之也。故父在爲母齊衰期者，見無二尊也。

杖者何也？爵也。三日授子杖，五日授大夫杖，七日授士杖。或曰擔主，或曰輔病，婦人、童子不杖，不能病也。百官備，百物具，不言而事行者，扶而起；言而後事行者，杖而起。身自執事而後行者，面垢而已。秃者不髽，傴者不袒，跛者不踴，老病不止酒肉。凡此八者，以權制者也。

始死，三日不怠，三月不解，期悲哀，三年憂，恩之殺也。聖人因殺以制節。此喪之所以三年，賢者不得過，不肖者不得不及，此喪之中庸也，王者之所常行也。《書》曰『高宗諒闇，三年不言』，善之也。王者莫不行此禮，何以獨善之也？曰：高宗者，武丁。武丁者，殷之賢王也。繼世即位，而慈良于喪。當此之時，殷衰而復興，禮廢而復起，故善之。善之，故載之《書》中而高之，故謂之高宗。三年之喪，君不言。《書》云『高宗諒闇，三年不言』，此之謂也。然而曰『言不文』者，謂臣下也。禮：斬衰之喪，唯而不對；齊衰之喪，對而不言；大功之喪，言而不議；緦、小功之喪，議而不及樂。父母之喪，衰冠、繩纓、菅屨，三日而食粥，三月而沐，期十三月而練冠，三年而祥。

比終茲三節者，仁者可以觀其愛焉，知者可以觀其理焉，强者可以觀其志焉。禮以治之，義以正之，孝子、弟弟、貞婦皆可得而察焉。

# 文華叢書

《文華叢書》是廣陵書社歷時多年精心打造的一套綫裝小型開本國學經典。選目均爲中國傳統文化之經典著作，如《唐詩三百首》《宋詞三百首》《古文觀止》《四書章句》《六祖壇經》《山海經》《天工開物》《歷代家訓》《納蘭詞》《紅樓夢詩詞聯賦》等，均爲家喻户曉、百讀不厭的名作。裝幀採用中國傳統的宣紙、綫裝形式，古色古香，樸素典雅，富有民族特色和文化品位。精選底本，精心編校，字體秀麗，版式疏朗，價格適中。經典名著與古典裝幀珠聯璧合，相得益彰，贏得了越來越多讀者的喜愛。現附列書目，以便讀者諸君選購。

## 文華叢書書目

# 文華叢書

書目






★爲保證購買順利，購買前可與本社發行部聯繫
電話：0514-85228088 郵箱：yzglss@163.com